PACKAGING & 包装

化进 EVOLUTION 论

彭冲／编　刘筠　刘伟／译

辽宁科学技术出版社
·沈阳·

CONTENT 目录

004	前言	070	斯可特纸巾
		072	碧优宝石加工厂
006	**第一章 简洁、实用的包装形式**	074	筹真维生素
010	玛克特潘特利休闲零食	076	速效止痛药
012	克里麦克斯威化饼干	078	索尔麻力尼鼻腔咽喉喷雾剂
014	察察克丝烘焙产品	080	康弗特克斯避孕套
016	洽客口香糖		
018	"红粉佳人"巧克力	082	**第二章 绿色环保的包装理念**
020	艾恩巧克力	084	邦博斯健康水果棒
022	狮子王糖果	086	科克兰坚果
024	宝路无糖糖果	088	如此新鲜
026	邦加·味觉实验室	092	希斯希瑟茶（英国凯芙茶）
028	蛋黄酱	094	内克德糖剂公司
030	波茨调味酱	096	派弗利达农场
032	里斯本罐头	098	罗马熟食
034	爱宝啤酒	100	高斯汀炼乳
036	嘉士伯出口装啤酒	102	拉雅雅伊萨萨酸奶
038	哥本哈根嘉士伯啤酒	104	美滋乐牛奶
040	亨格啤酒	106	诗凡卡伏特加
042	沃斯格劳啤酒	108	柯吉亚植物蛋白饮料
044	灰雁伏特加	110	净土果汁
046	马蒂雷鸡尾酒		
048	埃尔·弗莱斯科柠檬水	112	**第三章 幽默且具有想象力的设计思维**
050	巴伯拉·马龙·索菲亚葡萄酒	114	百特尤士加食品
052	艾可多矿泉水	116	乔威化饼干
054	内克德纯果汁	118	普利斯拜仁便利店食品
056	美乐耶乐饮料	120	"乐购"儿童早餐麦片
058	"拉耶茨"饮料	122	养养牌婴儿食品
060	索科萨尼矿泉水	124	美味助手糖果
062	阿吉普 4T 马蒂奇润滑油	126	醒目巧克力
064	欧洲一号润滑油	128	利特丝咖啡
066	高乐氏清洁用品	130	太妃软糖
068	艾维维护肤品	132	猫弟本杰明松露巧克力

134	雅米雪糕	198	帕卡有机茶
136	雀巢 Fab 雪糕	200	翁布里亚咖啡
138	黑天鹅酸奶	202	蝴蝶牌限量版帕卡马拉天然咖啡豆
140	利克酸奶	204	格兰德咖啡
142	阿斯达食品	206	阿尔卡拉斯瑟温德牛轧糖
144	博弈食品	208	百好酸奶
146	巴尔韦德水	210	洛斯利冰淇淋
148	水果爆炸软饮料	212	斯涅日诺耶拉可莫斯夫冰淇淋
150	奥莱迪果汁	214	克里米斯橄榄油
152	弗利亚茶	216	费莱亚食品
154	卡里奥卡贝比彩笔	218	塞恩思伯里有机产品
156	"杜欧"安全套	220	贝特利食品
		222	吉姆果酱
158	**第四章 富有温度的情感传递**	224	兰彻瑞塔调味酱
160	"莫拉丽塔"糕点	226	费利斯沙拉酱
162	科罗娜达薄脆饼	228	闪亮 XO
164	克鲁斯提兹食品	230	布尔乔亚香槟
166	"法德勒约斯·奎拉娜"饼干	232	奥尔堡白兰地
168	玛塞拉墨西哥玉米片	234	RHOUS WINERY 葡萄酒
170	克林尼小麦面包干	236	凡·高伏特加
172	福特纳姆和玛森饼干	238	阿姆波利特姆葡萄酒
174	奥特斯卡雅斯卡卡麦片	240	热辣花生饮料
176	柯克兰混合水果干、坚果仁	242	班德堡饮品
178	尼克斯食品	244	佳得乐运动饮料
180	帕尔森保健品——拥抱生命的自然节律	246	百事可乐
182	乐购芬妮斯特食品	248	东鹏特饮
184	科林尼零食	250	泰米医药
186	星星爆米花	252	完美美黑防晒霜
188	莱特罗爆米花		
190	梅特卡夫瘦身爆米花	254	**索引**
192	克洛塔巧克力		
194	吉百利迷你卷		
196	费加罗－塔蒂亚娜巧克力		

PREFACE

前言

在过去的50年里，包装设计的发展已经超越了人们的认知。作为一门学科，它已经涉及多项领域的相关知识，包括心理学、社会学、创造艺术、数字技术、符号学等，而且现如今的世界文化结构和思潮也对包装设计有着深刻的启发和推动。包装不再是以供消费者在琳琅满目的超市货架识别商品为目的而将商标简单地印制在纸箱或瓶子上的行为，也不再仅仅是为了保护易碎物品在运输过程中免受损坏，或者为新鲜食材提供更长的保质期，或是提供重复密封的功能，更不是单纯地为了阐明产品的外观、功能以及使用期限。

50年来，包装的发展进化过程是艺术与科学、心理学与直觉、数据与情感相结合的过程。包装设计已经发展成为一种十分复杂且无法预知结果的营销手段，它既可以成就一个品牌，也可以毁掉一个品牌，因此，常常令设计师感到棘手。但不管结果怎样，包装设计的核心问题是要保持简洁清晰。

客户要求品牌形象升级有多种原因。销售额的下降、消费者购买行为或消费者偏好的转变、品牌战略的变化、日益激烈的竞争、甚或是价值观和期望值的调整都会引起品牌形象升级的需求。我们曾和许多品牌合作过，小到利特乐斯咖啡（Little's Coffee）的手工作坊式企业，大到可口可乐等全球知名品牌。对于初创品牌的小公司来说，品牌形象设计是一个明确产品定位和挑战同类产品的机会。科威斯·斯托特黑啤经过重新设计后的品牌形象对国际领军品牌吉尼斯黑啤酒发起了挑战，并通过包装设计讲述了一个来自酿酒厂所在地古老乡村的神秘力量的故事。英国的希斯希瑟品牌形象升级的目的则是向人们讲述了品牌创始人的故事，他们是20世纪20年代用药草治病的先驱者，他们最初将小包药草卖给那些负担不起医疗保健费用的消费者，直到后来他们自己种植并调制健康绿色的草本茶。

任何品牌形象升级带来的挑战都是巨大的，其中最大的挑战是面临新包装是否会疏离了品牌已拥有的顾客群体的危险。巧妙地再造品牌的视觉特征，即品牌特有的色彩、字体、图像以及构造可以将这种风险降到最低。史威士（Schweppe）在最近重新设计一款调酒用饮料时，就充分考虑了品牌的视觉特征，使新包装保留了品牌标志性的喷泉和黑黄色调。

品牌形象升级中还包括其他一些诸如如何优化处理包装上的信息并使之易于辨认等挑战。价格、口味、品牌，是否方便、健康都会对消费者的购买行为产生影响，了解品牌消费群体会优先考虑哪个条件是包装设计的关键。他们是会优先考虑口味呢，还是会以是否有益健康为选择标准？那么，设计师在进行包装设计时是否考虑到消费者的这些偏好，并将之体现出来了呢？

弗利亚（Teaforia）擂茶是在绿茶的基础上添加天然生姜或柠檬，不仅有益健康，而且味道清新可口。以往做同类产品设计时，竞争对手通常只注重产品的保健功效，而弗利亚擂茶的设计师偏重的是品茗的过程。设计通过展现富于激情的爆裂的茶叶的画面生动地体现擂茶的味道。

一个成功的包装设计可以成功地树立品牌的商业形象。根据消费群体的特征明确品牌的核心信息有助于与消费者建立一种更深的联系。这种亲密的联系可以加强消费者对品牌的忠诚度，并进一步强化品牌的识别度，同时有助于该品牌取得更好的商业成就。包装设计归根结底是品牌的一个缩影或签名，以一种独特的方式承载品牌的唯一性。对于像可口可乐、滴露、百威这样的全球品牌，包装设计从根本上说就是对品牌的一种认可。因为消费者已经对产品有所了解，因此，只要设计能让他们在众多的产品中格外醒目，就证明设计是成功的。

对于这类品牌来说，包装设计的目的就是让消费者熟悉辨认，放心购买。对于挑战者品牌来说，包装设计是一个与消费者分享品牌故事的机会，他们可以通过打破陈规的设计方式使自己独树一帜。同时，包装设计也是这类产品创建品牌哲学、锁定目标消费群体的良机。伊诺森特、泰瑞、耐克德就是成功利用品牌形象升级机会的杰出典范。总之，可以肯定的是，包装设计是市场营销中最有效的工具之一。它清晰地表明了为何消费者会在琳琅满目的商品中对该品牌情有独钟，并成为品牌的忠实追随者。

克里斯·怀特
向上设计公司总经理

CHAPTER 1

第一章

简洁、实用的包装形式

根据以往经验，虽然营销部的工作人员受过良好教育，但他们有时会忽略设计本身的真正含义。在讨论包装设计的会议上不乏在营销部工作的人士。然而，如果完全按照他们的要求去做，设计方案很难成型，其结果往往是以信息冗长、满篇高谈阔论、条条框框的混乱状态收场。设计师总是建议他们不要过于科学化、复杂化地追求设计作品，而是遵循自己的感受、直觉，更轻松地，甚至以一种超自然的态度去完成设计目标。

重新设计之前的旧包装的确经常出现很多无用的信息、图标或其他不必要的元素。设计师首先做的就是尝试调整布局。通常他们会选择极简主义概念，仅仅保留几个必备要素。在大量设计复杂的产品中偶尔看到具有极简主义风格的产品会让人感到耳目一新。有一些商品必须设计得清晰明了，例如化妆品或药品，但也有些商品难以驾驭这种风格。然而，拥有简约设计的产品总会在竞争中更加夺人眼球。

问题是顾客通常不需要市场营销部门所提供的那么多信息。因此，目前包装最大的败笔就是信息量很大，但真正传达给顾客的却少之又少。一个好的设计不仅应该是很吸引人的，更重要的是它的功能。这意味着顾客不仅需要快速识别自己喜欢的品牌，还可以在货架上很容易地找到自己喜欢的口味，而不至于花很长时间去研究如何打开包装或使用产品等。举个例子，一个全球企业在世界范围内推出了一个简约包装产品，但是顾客根本不明白该拧开或撕开包装的哪一部分及究竟怎样打开产品。

面对客户提出的"使他们的商品在货架上脱颖而出"的需求,设计师是如何处理的呢?与同类竞争产品相比,客户通常追求包装的五彩斑斓。但问题可能更为复杂。因为产品的包装设计不一定要色彩缤纷,更为重要的是如何有效地向客户传达信息。另一个重要方面是产品展示的位置。如果是在超市、奢侈品店或精品店,则没有这样的直接竞争。但是在那里产品必须面对的竞争也是异常残酷的。

例如最近一个杰克丹尼尔单桶威士忌高级礼盒的包装设计。其目的旨在设计出一款简约风格的包装,使产品(酒瓶本身)能够脱颖而出、引人注目。该包装盒由纸板制成,承重力很强,胶水黏合很少。设计的成功与否很大程度上取决于策划方案及其实际的生产过程。在我们看来,我们最终成功了,并因为该产品获得了"最佳设计奖"。但是,在快速消费品市场上要求则不尽相同。对于此类产品的设计,必须要凸显其所含的原料成分。充分考虑在哪能发现这种产品,即产品的销售地,也尤为关键。有必要充分考虑产地以及销售地区。在英国被认为是一个清晰简约的设计可能在非洲被认为是低端的。在中欧被认为是蹩脚的拙劣产品,在俄罗斯却被认为是价值颇高的精品。

糟糕的包装设计一个典型案例就是用户很难打开包装去接触产品,耗费的时间过长以至失去了耐心,有时甚至不得不动用小刀和剪子。甚至工具有时都不起任何作用,包装依旧在顽强地与用户对抗着。有些包装在设计时并没有考虑到长途运输的颠簸、货品陈列时的磨损、便于用户打开等因素,相反,一些产品

CHAPTER 1

第一章

简洁、实用的包装形式

采用的是热密封包装，这意味着需要花费数十分钟才能打开包装，这对于老年人来说尤其异常困难。另一方面，独特或有趣的打开包装的方式也可以成为产品的一大卖点，能为顾客带来有趣的体验，并使产品提升一个档次。

简约包装并不一定意味着仅仅近距离时所呈现的简单的图形或外观设计，而是离货架有一定距离时产品依旧清晰简朴，甚至可以在里面发掘到有趣的细节。因此，看似很简单的产品可能是比较有趣的。否则，它甚至无法成为一个实用的包装。

人们喜欢简单而实用的包装设计，简约而不失本色，简素而清晰明确。比如，洗发水的包装就是洗发水该有的样子，这就足矣。然而，有时这似乎是一个不大可能完成的任务。有时候说服客户利用简约包装的种种益处、集中精力呈现最基本信息是十分重要的，包装设计的宗旨就是尽可能地向顾客展示产品信息。

坎特思创意俱乐部

设计师简介

坎特思创意俱乐部是一家捷克的平面设计工作室，近 20 多年来一直致力于为客户提供一流的包装、平面设计和摄影服务。

公司的业务范围涉及很广，包括从产品包装的设计到生产，企业形象以及平面创意设计等。本工作室既为跨国公司也为中小型企业提供专业服务，业务遍及全球范围。

"所有服务都是为客户量身打造的私人定制，设计师热衷于展现他们非凡无比的创作热情和伟大创意！"

旧包装 ○┈┈┈○ 新包装

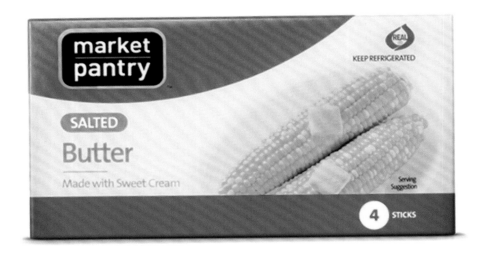

玛克特潘特利休闲零食

设计机构：Pearlfisher 纽约设计公司
创意总监：哈米什·坎伯
客户：Target 公司
国家：美国

玛克特潘特利是美国塔（Target）公司一个最大、最受欢迎的休闲零食品牌，多达100种的产品种类涵盖了食品的大部分领域，拥有1900种食品产品线。该公司是一个具有创新精神的团队，在与他们的密切通力合作下，设计者通过开发一种全新的视觉体系来重新设计这个种类繁多、深受大众喜爱的系列食品包装，这将会大大提升公司的产品线，也会使之看起来更富有时代气息。设计时，设计师在力求100种不同种类的产品包装设计变化不一的同时，又要保证万变不离其宗，所有设计以"玛克特潘特利"为核心，整齐划一，这对设计师来说也是一个巨大的挑战。经过设计师的精心策划设计，新的包装设计引人注目，清晰而灵活，给人一种大胆而又复古的感觉。每种产品设计自成一体，不同产品线的不同设计放在一起，又是那么的浑然一体，天衣无缝。由此产生的品牌设计定会深受广大消费者的喜爱，许多人会很自豪地把它像工艺品一样展示在自己的家里。

旧包装 ○......○ 新包装

克里麦克斯威化饼干

设计机构:
Starbrands 设计公司

创意总监:
克劳迪娅・维拉,雅全・汉尼曼,
戴安娜・罗德里格斯

设计师:
艾琳・怡迪拉・加西亚,
肖果・雷佐

国家:
墨西哥

尽管克里麦克斯（Cremax）是墨西哥饼干市场的领头羊，但过去一直被认为是一个不成熟的老式品牌。事实上，该品牌还存在另一个更大的问题，就是外包装同竞争对手非常相似，所以过去产品的知名度很低。打造全新的品牌形象是帮助解决这个问题的关键，所以设计师决定设计一种新的包装形式，使之成为一个更富有青春活力、更具有吸引力的品牌设计。颜色的选择在设计中发挥重要的作用，因为它传递和预示了产品的多样口味和体验。新的包装设计达到了惊人的效果，每个人看了都会馋涎欲滴胃口大开。

旧包装 ·············○ 新包装

察察克丝烘焙产品

设计机构:"懒蜗牛"设计公司
创意总监:约安娜·德拉卡基
设计师:艾莱尼·派吾拉基
国家:希腊

自 1998 年以来，位于希腊克里特岛的 Tsatsakis S.A. 公司一直在使用纯原料制作传统烘焙产品，这种方法是受到克里特岛人饮食的启发。设计师们重新设计了品牌标识和面包干系列产品的外包装，使用最新的手法来重新定义传统，使该品牌的产品包装在外观上异于其他品牌，放在货架上十分醒目，易于消费者辨认。设计师们采用了一种极简主义的方法，运用单纯的白色、黄色和黑色，创造出一个带有流行风格的清新整洁的包装设计。透过包装两侧椭圆形透明处，消费者可以清晰地看到里面的新鲜食品，给人一种清新的印象，同时又确保整个设计是以品牌标识为焦点。

旧包装

新包装

洽客口香糖

设计机构：快乐设计公司
创意总监：乔恩·帕朗柏
客户：马斯特糖果
国家：英国

016

洽客（Cheque）口香糖制造商决定利用推出新口味计划的时机来重塑他们的品牌形象。他们把重点放在中东和北非市场上，立意让洽客口香糖成为年轻、新潮的受众群体的首选口香糖，并通过采用色彩缤纷、令人眼花缭乱的不同色彩系列，来打造吸引顾客的货架印象。快乐设计公司重设的包装更加充满青春活力、更加具有品牌标志性，使整个品牌形象焕然一新。商标"Cheque"以一定的倾斜度醒目呈现在包装中心位置，似乎随时都要从小小的包装中迸发出来，这种酷炫的包装在熙熙攘攘、人来人往的市场中格外引人注目。同时，大胆的色彩运用给整个设计增添了活力和激情，是时下最流行的一种设计风格。

旧包装

新包装

"红粉佳人"巧克力

设计机构：
"流动集团"设计公司

创意总监：
马特·艾文特

设计师：米尔恩
山姆

国家：
澳大利亚

自1938年以来，墨尔本的人们似乎养成了一个习惯，晚上去剧院看剧总要随身带上心爱的当地产的"红粉佳人"巧克力，这个传统一直延续至今。只是如今的"红粉佳人"巧克力增添了新的元素，使原本优质上品的巧克力看起来更加完美，让你尽享巧克力的终极体验。设计师的任务就是重新装扮"红粉佳人"，结合最初的"红粉佳人"巧克力店在"艺术装饰"风行时期开设在富有魅力的剧院区，他们将代表纯洁和爱情的心形和白鸽巧妙地融进这个品牌的悠久历史当中。设计师将这些视觉提示重新诠释为一种现代的错综复杂的视觉语言，并由此创作了各种各样的包装设计。

旧包装 ⋯⋯⋯⋯⋯⋯⋯ 新包装

艾恩巧克力

设计机构：Mousegraphics 设计公司
创意总监：格雷格·特萨卡那科斯
客户：艾恩·萨
国家：希腊

020

产品更新后外包装的主要区域被设计成白颜色，使其上面有关产品的基本属性、说明清晰可见，一目了然。颜色区域仅限于包装的上下两端，以此表示巧克力的四种不同口味（经典口味、牛奶口味、深巧克力和白巧克力）。包装设计重点突出5克重巧克力块，这是制作巧克力过程中必不可少的一步，不加任何修饰的巧克力块实际上是产品优等质量的标志，它会勾起人们对巧克力的各种回忆和联想；融化状的巧克力盛放在手绘的带柄小锅里，进一步呈现巧克力的制作过程。整个设计排版给人的感觉好似一篇日记，记载着在一个洁净的厨房里制作巧克力的配方和心得。

旧包装 ·················○ 新包装

狮子王糖果

设计师：史黛芬妮亚·瓦兹茨

国家：意大利

这个学校项目面临的重大挑战是为一个现有的食品品牌"狮子王糖果"重新设计包装,该品牌出自意大利一家著名的糖果公司。该公司始建于1857年,如此悠久的历史决定了"复古"成为该品牌的重要元素之一。设计师对公司标识进行了改良,以一个全新的卡片形式将复古而又现代的元素融为一体。设计师进行重新设计的主旨在于将新旧元素融合的同时,树立一个优雅的、精致的、辨识度极高的品牌形象。

旧包装

新包装

宝路无糖糖果

设计机构：Taxi 平面设计事务所
创意总监：巴克·瑞安·威尔斯 斯宾塞
客户：雀巢
国家：英国

设计师为宝路（POLO）四个字母适当增添了绿色阴影，并大胆使用了易于摆放、突出商品标识的包装盒，目的是为了使所有口味的糖果标志更为统一明晰，树立主打品牌形象。设计所选用的令人备感惊艳的色彩使顾客一目了然地选择自己想要的口味，并有助于提升品牌影响力。品牌名字巧妙地搭配宝路经典的糖果，预示着我们拥有一套可以轻松地推出所有包装格式的品牌系统。

旧包装 ·················○ 新包装

邦加·味觉实验室

设计机构：Onmybrand 设计工作室
创意总监：纳迪·帕斯那
客户：邦加·味觉实验室
国家：俄罗斯

设计任务：该客户是俄罗斯市场上唯一一家生产天然手工果酱的公司。此包装设计旨在强调该产品具有纯天然、无添加的特点，确定其隶属高端产品的市场定位，并为创造品牌形象提供有力参考。

设计理念：客户自信地声称自己产品所执行的生产标准将成为行业标准，而该公司的优质果酱与其他同类产品相比也颇具竞争力。以上就是设计师以最杰出的专业技能将该品牌打造成小型精品的原因。

解决方案：在这一案例中，设计成为了展示该产品口味的主要工具。每一个品种，从蔓越莓到黑莓咖啡的瓶子上都附有代表自己的数字。这不难让人联想到传奇般的香奈儿"编号"香水系列。优秀的品牌不需要在设计时做很长的介绍。极简主义的黑白标签和精准的线条明确地表明："邦加"果酱绝非属于"奶奶制造"行列，而是货真价实的、有口皆碑的优质产品。

旧包装 ·········○ 新包装

蛋黄酱

该项目的主要目的是为当地产品柯珍思奇蛋黄酱重新设计包装,并改变现有标签毫无品牌特征的窘境。设计师采用了独特的排版设计,所有标签上均反复出现该品牌"蛋黄酱"的字样,其字体选用的草书形式。然而,设计采用了不同字体分别对应各种产品的相关类型,之所以这样设计是为了便于顾客识别最喜欢的口味。色彩的选择是设计师重点考虑的因素,该设计由于使用了与之前类似的色域,因此尽管包装做了很大改变,顾客仍然会很容易地在架子上找到她需要的产品。

旧包装 .... 新包装

波茨调味酱

设计机构：向上设计公司
创意总监：戴维·皮尔曼
设计师：毕晓蕾
国家：英国

波茨公司生产的酱汁、汤汁、肉汁、调味品与砂锅食材的混合调制会将你的烹饪技术提高到一个新的水准。我们用"快乐食谱"这个创意来重新定位了这个品牌，这与该公司所承诺的"使用波茨酱汁、汤汁、肉汁可以让家庭餐不仅仅是一顿饭"的效果不谋而合。它创造了难得的机会，使家人每一餐都能一起享受。

1950'

1970'

1990'

2010'

旧包装　新包装

里斯本罐头

设计机构：
we are boq 设计公司

创意总监：
米格尔·杜阿尔特、
吉列尔梅·卡尔塔舒

客户：
里斯本罐头加工厂

国家：
葡萄牙

032

里斯本罐头（CONSERVEIRA DE LISBOA）是葡萄牙最古老的鱼罐头食品之一，也是里斯本的商业地标。值此建厂80周年纪念日之际，设计师应厂家要求对全线产品进行品牌升级，并重新设计其旗下三个系列的包装，它们分别是番茄酱金枪鱼、橄榄油小马鲭鱼、辣酱金枪鱼。根据他们的历史文化和销售产品的方式以及在店里与客户的互动，设计师重新设计了产品包装，在增加了功用性的同时，也保留了原产品包装独有的特性和一些有助于品牌识别度并被客户认可的视觉元素。

旧包装 ·················○ 新包装

爱宝啤酒

设计机构：Bold 设计公司
创意总监：奥斯卡·吕贝克
插图：克里斯·米歇尔
国家：瑞典

新包装的主打颜色绿色较之前稍微变暗了一些,看起来更加别具一格;文字商标也做了适当调整,增加了3D效果,在暗绿色背景的衬托下更加醒目。其中最重要的一个元素狮子,则被赋予了更多的生气和动感,使之更加威武霸气。与传统设计不同,新设计没有明显的正面背面之分,两面互相衬托、互相补充、浑然一体。

旧包装 ·············○ 新包装

嘉士伯出口装啤酒

设计机构：Taxi平面设计事务所
创意总监：斯宾塞·巴克
插图：波姆珀工作室
国家：英国

嘉士伯啤酒产自丹麦，而丹麦语中一些词汇的有趣拼写激发了设计师的创作灵感。例如，英语中的"oh"在丹麦中被拼写成"ø h"，因此也就有了大家见到的有趣的"EXPØRT"。为了凸显嘉士伯啤酒产自丹麦这一事实，设计师将丹麦国旗元素融入整个设计中。丹麦国旗素来以作为斯堪的纳维亚半岛上多数国家国旗的标杆而著名，这次你也可以在嘉士伯出口装啤酒的全新包装中找到丹麦国旗的影子。

旧包装 ·················○ 新包装

哥本哈根嘉士伯啤酒

设计机构：TaxI平面设计事务所
创意总监·巴克·斯宾塞
插图·哈德利·山姆
国家：英国

借鉴上一款丹麦式赏心悦目的简约设计，该组设计的每一款都抽象地体现了嘉士伯标志性的元素：大麦、啤酒花和著名的嘉士伯啤酒酵母。嘉士伯汉逊酵母至今仍被多数欧式拉格啤酒应用，嘉士伯啤酒工艺一直是啤酒业的典范之一。该组设计在集中展现嘉士伯啤酒精华的同时，更展示了嘉士伯酒业的核心和初衷——来自丹麦的充满爱意的优质啤酒。

旧包装 ⋯⋯⋯⋯⋯⋯⋯ 新包装

亨格啤酒

设计机构：Mousegraphics 设计公司

创意总监：格雷格·特萨卡那科斯

客户：德国亨格啤酒

国家：希腊

重新设计一个品牌的视觉识别，对设计师来说无疑是一个挑战。设计师仔细分析了现有标识的所有元素及其背景情况，决定继续保留所有元素，只是以一种更有意义的方式重新排列：将有两只狮子的盾形纹章的标徽与品牌名称隔离开，使整体设计变得更加清晰和富有艺术线性；同时引入了一种仿若拼字游戏的框架式信息。

旧包装 ·················○ 新包装

沃斯格劳啤酒

设计机构：Labis 设计机构
创意总监：恩里克·卡泰纳奇
设计师：穆里洛·安盖顿
国家：巴西

042

设计师对沃斯格劳品牌下的三种啤酒的标签进行了重新改良设计。新标签在恢复欧洲啤酒经典传统的同时，采用了当代更为简洁的单色调风格。新标签采用了丝网印花工艺，突出了猫头鹰与松果两大元素互动的特点，该设计是将文艺复兴时期的传统与现代排印技术融为一体的典范。

旧包装 ⋯⋯⋯⋯⋯⋯⋯ 新包装

灰雁伏特加

设计师：利诺·拉索
摄影师：利诺·拉索
客户：灰雁公司
国家：意大利

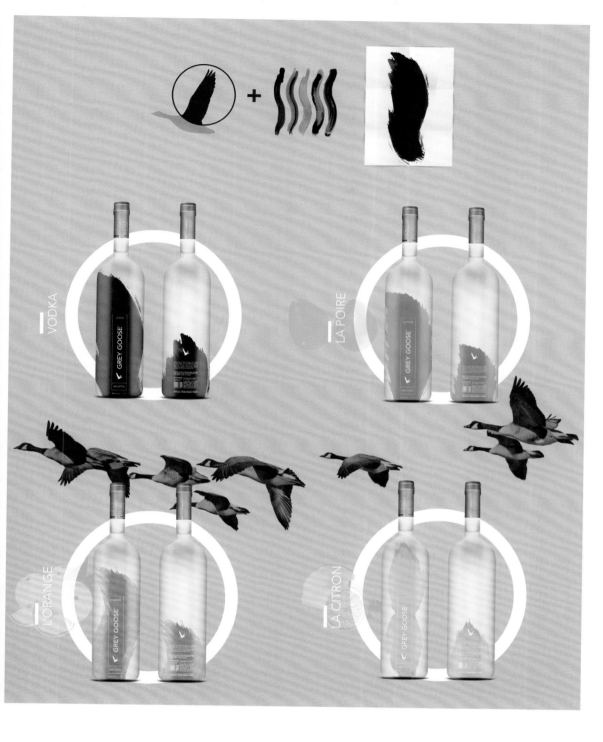

该设计以简洁大方的风格一改原来杂乱无章、模糊不清的旧版包装版本。设计中的绘画标志代表飞行中的大雁的翅膀,而每一种酒的瓶子都配以不同颜色,因此可以一目了然地加以区分。画笔将伏特加美酒的超高品质完美呈现,这个简化一切的概念使高端的伏特加更显奢华大气。

2003 2007 2015

旧包装 ·················○ 新包装

马蒂雷鸡尾酒

设计机构：阿斯加德设计公司
创意总监：大卫·艾维茵
客户：阿尔康公司
国家：俄罗斯

046

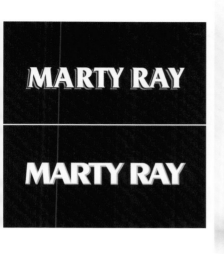

马蒂雷是于2003年推出的一个品牌,今天该产品已成为俄罗斯低酒精行业的领军品牌之一,根据2015年4月AC尼尔森调研公司的报告显示,其市场份额占据5%。包装设计的上次更新还是在2007年。不用说,随着时间的推移,原包装已经过时,需要改进了。该项目的目的就是要保留几个可识别的图形元素的同时,对包装进行更新设计。该品牌标识自产品发布之日起从未改动过,而这次公司决定将其修改完善。阿斯加德的设计师提出了独特的构想:通过清理背景、去除装饰细节来简化信息的呈现方式,这样做使得马蒂雷鸡尾酒的包装鲜艳明亮,易于阅读。因此,现在马蒂雷鸡尾酒的设计看起来更具现代感、风格更为纯净且更具吸引力。

旧包装 ·········○ 新包装

埃尔·弗莱斯科柠檬水

设计机构：阿斯加德设计公司
创意总监：大卫·艾维茵
客户：阿尔康公司
国家：俄罗斯

设计师考虑应彻底改变产品包装瓶和标签的设计，使之最大限度地区别于同类饮料。埃尔·弗莱斯科鸡尾酒的新包装瓶在风格上颇像个调酒器。该产品与20世纪30年代古巴酒吧里传统的"莫吉托"鸡尾酒的故乡有着千丝万缕的联系。新包装增加了色彩鲜艳的水果图片，呈现了饮品相应的口味，有助于更好地识别产品。此外，包装尺寸也已更改，现在埃尔·弗莱斯科鸡尾酒有以下包装：0.33升铝罐；0.5升和1.5升塑料瓶。

旧包装　　　　　新包装

巴伯拉·马龙·索菲亚

设计机构：骏马设计公司
创意总监：尼古拉·热博格
客户：北冰洋饮料集团
国家：挪威

巴伯拉·马龙·索菲亚（Barbara Marrone Sofia）是意大利北方中等价位的一款高品质葡萄酒。骏马设计公司的任务是为斯堪的纳维亚市场重新设计产品标签，以增加当地销售。客户要求标签的设计采用极简主义风格，需具有斯堪的纳维亚当地的特质。这是一款轻雅细腻的葡萄酒，价格合理。设计师以一个诚实的表达方式呈现出一个简单而恒久美好的标签。标签设计的重点在"巴伯拉"葡萄上，无论字体的大小、风格及垂直排列都使得这几个字很抢眼。结果可想而知，该产品摆放在货架上后给顾客留下的深刻印象。2016年带有新标签的产品一经推出，其销售额在接下来的4个月增长了39％。

旧包装 ○ 新包装

艾可多矿泉水

设计机构：ontrapunkt 设计公司
创意总监：迈克尔·托宁
客户：法国达能集团
国家：丹麦

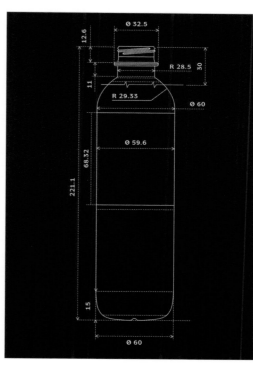

该设计是艾可多（AQUA D'OR）天然矿泉水生产商委托 ontrapunkt 设计公司设计制作的。设计师希望通过瓶身设计来展示这样一个事实：艾可多矿泉水绝对是世界上最纯净的天然矿泉水。为了表现矿泉水的纯净度，设计师的设计理念就是设计一个简单、干净的艾可多的圆形标识，并使其成为设计的中心焦点。整个设计通体只有一个圆形，看起来给人一种简单洁净的感觉；而过去传统的带有山泉和波浪状瓶体的设计则给人一种浪漫的视觉效果，两者之间完全不同。此外，我们还给瓶子增添了一些淡蓝色的光泽，让水看起来更加清澈，其结果就是整个设计与天然健康的水质十分协调。设计的目的是让你看了新款包装的矿泉水后，觉得水的味道更纯净了，有一种喝了来自清凉山泉的最纯净的矿泉水的感觉。

旧包装 ······○ 新包装

内克德纯果汁

该组作品的设计理念是让整个包装的作用像果皮一样，剥开来流出新鲜的果汁。设计师通过使用磨砂材质使商标字母越接近包装瓶底部透明度越高来达到这一效果。这样，商标内克德（Naked）的原意"无遮蔽的"似乎更能发挥作用，更富有含义。

旧包装 ………………… 新包装

美乐耶乐

设计机构：DSN 联合设计公司
创意总监：哈格蒂·安迪·约翰逊
劳伦斯
客户：可口可乐公司
国家：美国

通过具有冲击力的新的品牌定位来提高产品的市场份额和知名度

美国可口可乐公司希望 DSN 联合设计公司为美乐耶乐（Mello Yello）打造一个强大的全新品牌定位，并重新设计品牌形象，以此和最大的竞争对手百事可乐旗下的"激浪"抢占柑橘味儿碳酸饮料的市场份额。面对一个拥有超过 85% 市场份额的竞争对手和有限的营销预算，设计师面临巨大的挑战，他们需要通过设计新的品牌形象来达到在各级市场引起轰动的效果，并借助包装设计将信息传递给受众群体。

旧包装 ·················○ 新包装

"拉耶茨"饮料

设计机构：坎特思创意俱乐部
创意总监：戴维·坎托尔
客户：口福乐饮料公司
国家：捷克共和国

拉耶茨（Rajec）天然泉水属于捷克和斯洛伐克饮料市场的一线品牌。但品牌过于繁多的口味给消费者在选择上带来很大的混乱。为改变这种情况，同时也为了进一步提升品牌的需要，重新设计品牌形象势在必行。新包装的设计的目的就是简化整个产品组合、简化标签，进而达到提升品牌识别度的最终目的。用透明的 PE 标签换掉过去银色的纸质标签，外观更加高端、大气、自然。不同口味的识别通过区分标签、塑料瓶体和瓶盖的颜色来完成，每一种口味都有自己特有的颜色代码。新的包装设计大大促进了产品的整体销售。

旧包装 ·················○ 新包装

索科萨尼矿泉水

设计机构：无限顾问公司
创意总监：阿尔弗雷多·布加尔迪
客户：珍妮·卡萨查华、露西·安德烈、纳尔瓦埃斯·索利亚
国家：秘鲁

索科萨尼矿泉水（Socosani）水源取自100多年前发现的阿雷基帕城索科萨尼山谷的查查尼火山附近的山泉。索科萨尼矿泉水在距离水源几米远的地方封装，保留了山泉的纯度、口味和矿物质平衡的所有特征，因此是当之无愧的纯天然矿泉水。别具一格、独一无二的索科萨尼矿泉水也因此受到许多人的钟爱。重新设计包装的目的是突出天然泉水的真实性和品牌的独特性，充分体现其自身的价值。设计师通过设计一个简洁高雅、独具品牌风格的标识和一滴包涵了品牌所有精髓的水滴来完成了这一目的，尽情显示了索科萨尼矿泉水的魅力所在：阿雷基帕火山、峡谷及地下泉水。设计师的这种设计风格是受到了科尔卡峡谷的乡镇里流行的手工刺绣的启发。

旧包装 ....O 新包装

阿吉普 4T 马蒂奇

设计机构：果味罗技公司
创意总监：史提夫·利鸥
客户：匹蒂比纳努佛方布林德
国家：印度尼西亚

062

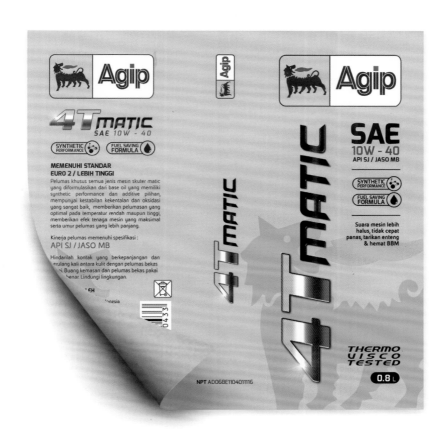

阿吉普润滑油（Agip）是最抢手的国际机油品牌之一。当对产品包装进行重新设计时，为了更加吸引中高端市场，设计师改变了原来塑料瓶的形状。果味罗技公司承担了为产品重新设计标签的任务，设计师首先根据之前现有的标签设计，就产品知名度做了一番调查。经过仔细研究之后，为了提升品牌辨识度、便于区分其他机油品牌，设计师决定选用黄色和黑色作为新包装的主要颜色。由于阿吉普润滑油主打中高端市场，因此采用了5色印刷将最后的设计方案印制在金属贴纸上，继而产生了标签呈金黄色的效果。

旧包装　新包装

欧洲一号

设计机构：果味罗技公司
创意总监：安提夫·利姆
客户：匹萘比纳努萨乒布林德
国家：印度尼西亚

欧洲一号（Euro1）是一个来自印度尼西亚成熟的机油品牌，其着眼于全国消费者，在摩托车及汽车润滑油领域有着极强的竞争力。为了更好地凸显一个领先的润滑油品牌所具有的企业精神，欧洲一号需要全新的包装设计。为了区别于其他现有的机油品牌，设计师采用了颠覆性的方法使产品外包装脱颖而出。在欧洲一号现有的品牌形象基础上，新包装呈现了蓝色瓶身、红色瓶盖的整体风格。充满活力的蓝色和与之形成鲜明对比的红色，最终是欧洲一号新包装的两个主导颜色。产生的动态效果及紧跟时代前沿的设计吸引了大批国内消费者。

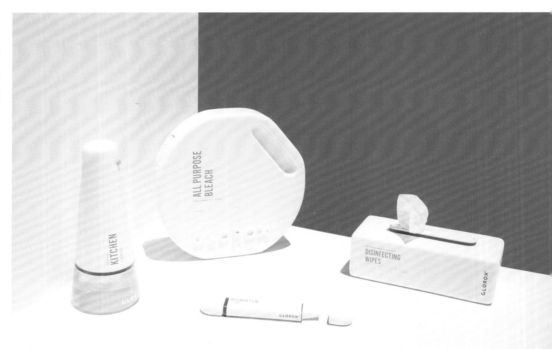

旧包装　　新包装

高乐氏清洁用品

创意总监：博瑞休兹　安妮亚
设计师：海森·乔
摄影师：詹姆斯·楚
国家：美国

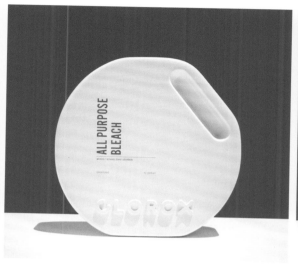

高乐氏（Clorox）产品的重新设计旨在将乏味的清洁程序转变成有趣的体验，富有现代感的外观设计非常符合千禧一代的审美要求，因此很能吸引年轻消费者。对于大多数人来说，清洁是例行公事，设计师认为它不应该给人带来过多压力，甚至是恐惧，最重要的是清洁应使人备感轻松有趣。年轻人尤为难以保持卫生，而且很少积极主动地去做清洁工作。究其原因不外乎是缺乏时间和相关经验，对清洁表现出恐惧和厌烦。高乐氏全新的包装设计可以大大激励他们做清洁工作，并为之提供了有趣的体验。这种包装形式非常独特，助其在同类产品的市场竞争中脱颖而出。漂白剂包装瓶采用了圆形设计，反映了人们在清洁台面或刷碗时手画的圆形动作。包装瓶的把手握起来很舒服，手感很好。漂白笔的笔尖有两个尺寸，分别在笔的两端用粗细红线表示。

旧包装

新包装

艾维维护肤品

设计机构：MSLK 设计公司　创意总监：马克·史·莱维特　客户：年轻的你公司　国家：美国

艾维维（e.Oil）创始人请 MSLK 设计公司为自己的品牌重新定位，以适应网络销售。设计师经过调研了解到，市场上的其他鳄梨油产品就持久保湿性能来讲，均不能与该品牌相媲美。品牌更名为艾维维，象征着鳄梨＋活力。为确保运输途中的安全，包装选用了聚酯盒，具有自然意象的水彩画印制在上面，这与每一款精油产品对情绪和身体的调节作用相得益彰。瓶身附有薄膜，以减少在硬的、湿滑的浴室地面摔碎或打滑的危险。经重新设计后，产品如此美观以至于不少粉丝迫不及待地想要收集全部以做展示。

旧包装 新包装

斯可特纸巾

设计机构：阿尔克设计公司
创意总监：利诺贝尔·杰西奥
客户：金佰利克拉克公司
国家：意大利

金佰利克拉克公司有着悠久历史的手帕纸改变了外观。斯可特纸巾的包装被赋予更为浓重、现代化的色彩。银色的绢网印花使人联想到全新的优质产品。 每一包纸巾的颜色都有所差异，既彰显了个性，又带给人强烈的视觉冲击。结果呢？清新的风格、完美的实用性成为该产品新的标签。

旧包装

新包装

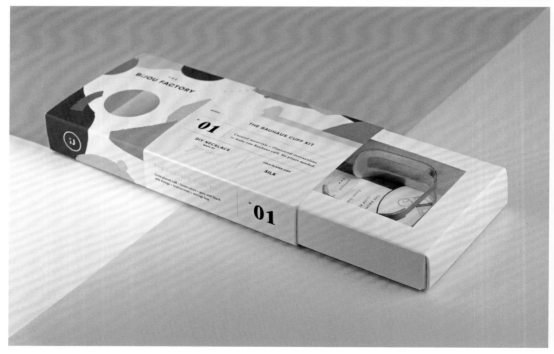

碧优宝石加工厂

设计机构：
凤凰创意设计工作室

创意总监：
克莱门特·皮加诺

设计师：
安东尼·莫雷尔

国家：
加拿大

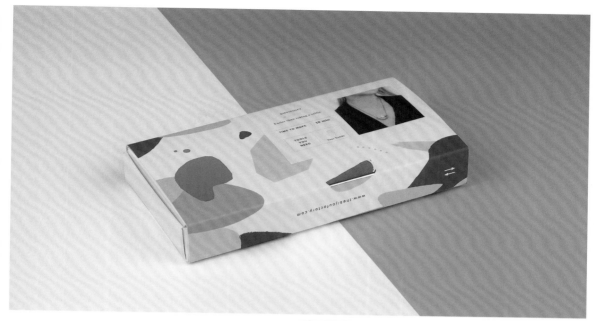

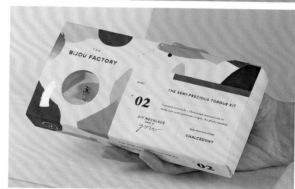

THE
BiJOU
FACTORY

碧优宝石加工厂（Bijou Factory）为顾客提供了系列自制珠宝盒。碧优相信自制的珠宝盒同样可以和一流的珠宝相得益彰，并通过展示一件易于制作的精美DIY成品来证明这一点。设计师通过添加透明纸框来展示珠宝的核心部分，并为每个产品创建一个自定义标签，这种设计的通用性可以用来完美地展示不同的产品。盒子上的各种形状会让人联想到将它们组装到一起的手工制作过程。相信这款新颖、色彩鲜艳、与珠宝相辅相成的软包珠宝盒可以满足所有目标客户的要求。

旧包装 ·················○ 新包装

筹真维生素

设计机构：
筹真维生素金内设计部

创意总监：
塞莎尔·金

客户：
筹真维生素

国家：
美国

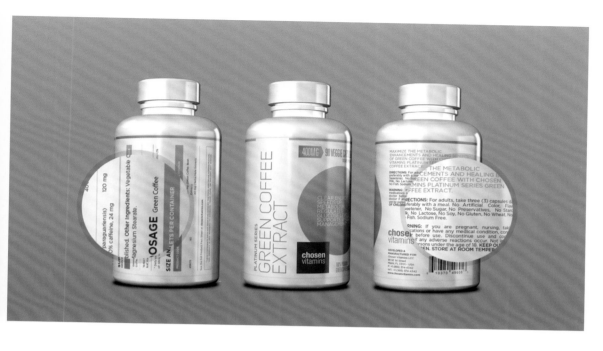

筹真维生素（Chosen Vitamins）总部设在南佛罗里达州，该公司主要生产和销售维生素和补充剂，最初是针对非常明确的客户群。在2012年至2013年期间，公司决定扩大市场，树立自己更为专业的品牌形象，成为广受关注的全球品牌。为了成功地做到这一点，产品的视觉识别需要重新设计，以便与竞争对手区分开来，同时又要代表一个更加现代和引人注目的品牌形象。 当前的美国维生素市场十分稀缺现代的、充满活力的品牌来引领整个行业的发展进步，这无疑给筹真维生素在竞争中带来帮助和便利。

旧包装

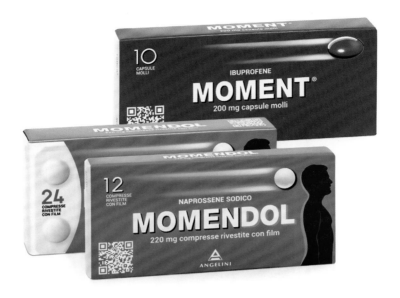

新包装

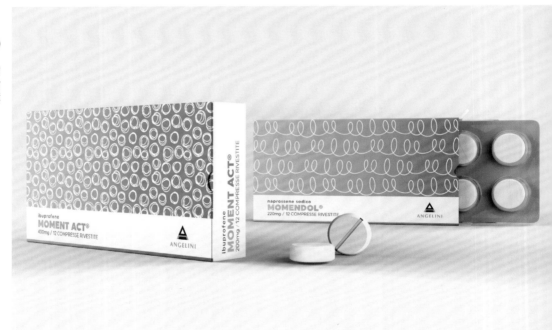

速效止痛药

设计师：可可·费比诺·斯特凡尼亚·皮齐基

国家：意大利

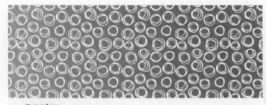

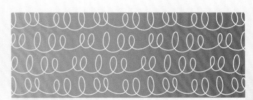

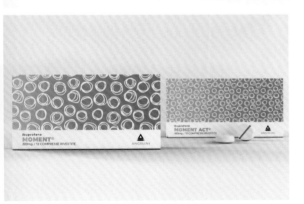

在一次大学校园设计比赛中，设计者们为一家名为"安杰利尼"的意大利著名制药厂的子品牌设计药品包装。设计者认为所有的医药产品看起来都一样平淡无奇，很难引起人们的关注。因此在考虑到头痛和其他病痛带给人们的视觉效果时，他们的设计方案是不改变原有包装盒的形状和大小，而是通过使用大胆抢眼的亮色和同一图案的不断重复来表现搏动性疼痛的感觉。

索尔麻力尼鼻腔咽喉喷雾剂

旧包装 ·················○ 新包装

索尔麻力尼（Solmarine）是邦制药（Bon Pharm）推出的新型鼻腔咽喉喷雾剂。该产品含有经过净化和消毒的大西洋海水，以及带有治愈疗效的药草成分。在酝酿包装设计的过程中，设计师逐渐生成了这样一个理念：大西洋海水是设计的主要元素。因此，他们采用了鲜艳的海蓝色。新颖的包装摆在药店货架上十分抢眼，引人注目，市场测试表明该设计非常成功。

旧包装

新包装

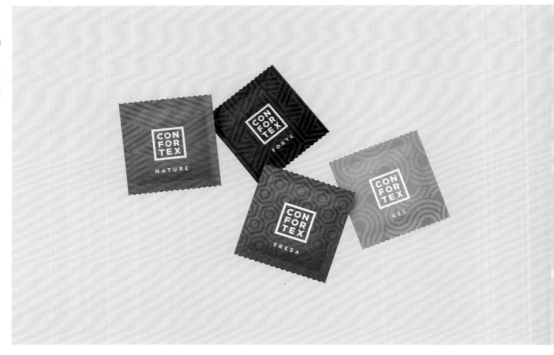

康弗特克斯避孕套

设计机构：沃克有限公司

创意总监：大卫·博泰拉、黛比·马丁

客户：康弗特克斯公司

国家：西班牙

康弗特克斯是一家实力雄厚的生产避孕套的企业,一直以来都是通过第三方分销商出售自己的产品。近来,他们突然改变了营销模式,决定取消中间商,直接把产品卖给消费者。他们计划推出一款以消费者为导向的12只装新款包装,借此机会树立一个新的品牌形象,以此和其他竞争对手相区分。新包装的品牌标识以银色发光字体框定在一个四方框里,包装内每只产品独立包装,与众不同。在颜色运用上设计师拉低伽马值,使颜色柔和适度;每款包装两种主色,一种强调色。考虑到公司未来产品发展的各种可能性,当然也是为了在商店展示中与竞争对手区分开来,设计师设计了多种不同的图案,每款设计都是别具一格过目难忘。

CHAPTER 2

第二章　绿色环保的包装理念

可持续性包装兴起于 19 世纪末期，当时主要是通过有效回收利用包装材料来减少包装废弃物。 如今到了 21 世纪，随着工业化的高度发展以及各种材料的快速消耗，有必要对可持续性包装的定义进行详尽阐述和分析，其中包括了解包装材料的来源、节约使用材料、使用可再生能源，使用清洁生产技术、提高物流效率、优化使用可再生和可回收原材料以及包装的可重用性，等等。可持续性包装是一个长期的发展方向，包装行业多年以来在可持续性包装方面不断加强改进，以减少对环境的整体影响。在环保意识快速增长的当今世界，绿色环保包装除了减少了废弃物，给企业和公司带来的益处也是显而易见的，因为环保包装不仅降低了对自然资源和能源的需求，同时也增加了消费者的兴趣，进而促进了产品的销售。

一个好的包装设计不仅要体现环保，更重要的是在设计过程中将美学、功用性和环保因素和谐完美地在结合在一起。一名好的设计师在设计前通常需要考虑以下几个问题：品牌形象代表什么？产品包装的目的和需求是什么？如何设计会减少包装材料的使用？包装材料是否可回收再利用？

希腊希俄斯州的派弗利达农场的鸡蛋包装就是环保设计的一个最好例证。农场主为了表现对纯天然优质食品的喜爱，决定在农场创办鸡蛋产业；农场里自由散养的鸡只喂食谷物类食品和水果，具有丰富的营养价值。所有这一切，包括农场环境、养鸡食品，甚至母鸡每天在农场的活动方式在内的整个产蛋链条都将通过环保包装设计展示出来。 因此，产品的包装除了要具备对安全运输的必要保证外，更要体现绿色环保包装的特点。

基于上述原因，包装设计采用"少即是多"的极简设计方法，严格本着环保设计的形式要求，巧妙利用几何外形来减少使用包装材料，并在包装内设有内隔，一方面便于鸡蛋存放，另一方面保证鸡蛋在运输途中不破损。尽管因为鸡蛋数量不等，包装尺寸大小不一，但各种规格的包装相互协调，形成了派弗利达农场独特的包装风格。包装材料采用轻便的瓦楞纸，不仅经久耐用，而且可以100%回收再生；同时为了节省包装材料，印刷区域则使用单面瓦楞纸。如此包装给公司带来诸多好处，全新的品牌形象促进了品牌发展，进而成为流行品牌。绿色环保的设计理念赋予了品牌创新性，相比其他缺乏环保意识的品牌而显得更加独具风格。绿色环保观念也可以通过包装直观地传递给消费者。

总之，包装设计中的绿色环保理念并不意味着设计可以就此敷衍了事。好的产品同样需要借助一流的包装设计使自己更加醒目，因此，一个好的包装设计除了使包装具备必要的功能性外，更要看起来与众不同，引人注目。创新、独特的包装设计在加强品牌效应的同时，也使产品在众多的同类竞争产品中脱颖而出。

玛丽亚·罗曼尼多

设计师简介

玛丽亚·罗曼尼多（Maria Romanidou）是一名希腊包装设计师，拥有英国颁发的包装设计专业的学士和硕士学位；2004年至2013年期间，在包装和产品推广领域担任工业设计师；之后一直从事自由设计师的工作，和诸多品牌有过合作，以为品牌量身定做包装设计而在业内著称。2017年，在希腊雅典与人联合创办了"19设计"工作室。
工作室网站 www.nineteendesign.gr

旧包装

新包装

邦博斯健康水果棒

设计机构：坎特思创意俱乐部
创意总监：大卫·肯特
客户：邦博斯公司
国家：捷克共和国

邦博斯是一个由纯天然成分制成的健康水果棒品牌，对身体益处多多。在飞速发展的健康产品市场上，纯天然的初级产品有着特殊的地位。因此，从产品定位及企业内涵角度出发，邦博斯品牌的生产商非常重视设计的现代性、新颖性。原创态度也尤为重要。该设计完全颠覆了原有设计理念，这意味着包装上面所有图案均由手绘完成，这与产品所秉承的"少些添加，更多滋味"的理念有异曲同工之妙，因此也更符合产品的定位。最终，产品的推出取得了巨大的成功，以至于公司目前已经有几条生产线，且分别配有相应的车间以生产含有特定图案及排版字体的包装。

旧包装 ·················· 新包装

科克兰坚果

设计机构：普尔设计公司
创意总监：米歇尔·普尔
客户：好市多公司
国家：美国

好市多公司是全球最大的坚果购买商。自从20多年前第一家店开业以来，其销售的所有坚果的包装都未曾发生变化。重新设计包装是一项巨大的工程，其目标很明确：在琳琅满目的产品中容易被发现，与旧包装没有割裂感，更现代、更新潮。一次印制数百万个包装袋是很常见的现象。这是迄今为止普尔设计公司接到的最大项目。经过反复斟酌后，设计师决定保留原有包装上商品名称以铅笔板书形式表现的传统风格，只是改用了更大的黑体字。设计中另一个重点是对旧有包装样式进行升级改造，升级后的每款包装更加凸显了绘有商品名称的图案。

旧包装

新包装

如此新鲜

设计机构：穆德品牌设计
创意总监：迈克·福兹
客户：润佳娜股份有限公司
国家：奥地利

润佳娜公司生产的化妆品及超级食物（饮料）均由纯天然成分制成，甚至饮料的瓶盖和包装也由天然原料制作。首先，穆德里品牌设计对产品进行重新包装设计的主旨是：简洁大方、永恒如新，新的设计既要有整体划一的品牌效果，又要便于产品的区分。也就是说，要清楚地表明：产品不同，但隶属同一品牌。其次，新包装对于准备分发产品的客户或员工来说，要更容易操作。新设计省略了不必要的令人眼花缭乱的花哨装饰，顺便说一下，此包装使用的是100%的可回收材料。

旧包装 ⋯⋯⋯⋯⋯⋯⋯⋯ 新包装

希斯希瑟茶（英国凯芙茶）

设计机构：向上设计公司
创意总监：戴维·皮尔曼
客户：台风有限公司（Typhoon LTD）
国家：英国

希斯希瑟是最早的英国草本茶品牌，该品牌于 1920 年由两名中草药先驱者创立。目前，该品牌为吸引新一代的饮茶者需要重新定义自己的市场角色。设计师从希斯希瑟的种子标签和英格兰的树篱中获得设计灵感，树篱是希斯希瑟多种原始药草的来源。新包装上市后每周在荷柏瑞连锁店的销售量高达 5000 盒。

旧包装 ○ 新包装

内克德糖剂公司

设计机构：快乐设计公司
创意总监：理查德·布雷
客户：内克德糖剂公司
国家：英国

内克德(naked)是一个纯天然手工制作的糖剂的品牌名字。快乐设计公司受委托重新设计品牌形象和外观包装,要求新设计中要包涵轻松快活和经典篝火等元素。受到制作糖剂时在篝火上熬制的启发,设计公司加大力度渲染手工制作这一主题,通过利用纵排排列的简洁商标和篝火中交叉枝条的象形图形来达到目的。新款包装的枕式外形和具有冲击力的色彩使得商品摆放在货架上时,格外引人注目。质感厚重的牛皮纸和瓶装上亮色的彩条都是一种优质品质的保证,而蜡封糖剂似乎更让人感受到了糖剂的黏稠。

旧包装　新包装

派弗利达农场

创意总监：罗曼尼多·玛丽亚

设计师：娜塔利·普尔曼

客户：派弗利达农场

国家：希腊

位于希腊希俄斯州的派弗利达农场（Pafylida）以其鸡蛋生产线而闻名，农场里自由散养的鸡只喂食谷物类食品。为了充分体现农场的这种生态环保饲养的特色，盛放鸡蛋的包装纸箱也是设计的别具一格。根据鸡蛋数量的多少，包装箱分为大、中、小三种规格，包装材料全部采用可回收利用的纸板材质，颜色选用牛皮纸色，突出原生态的特点。为了便于消费者查看鸡蛋，包装箱两侧都留有视窗。新款包装的设计为整个品牌打造了一个全新统一的形象。

旧包装 ○┄┄┄┄○ 新包装

罗马熟食

设计机构：Labis 设计机构
创意总监：恩里克·卡泰纳奇
设计师：卢安娜·诺达里
国家：巴西

098

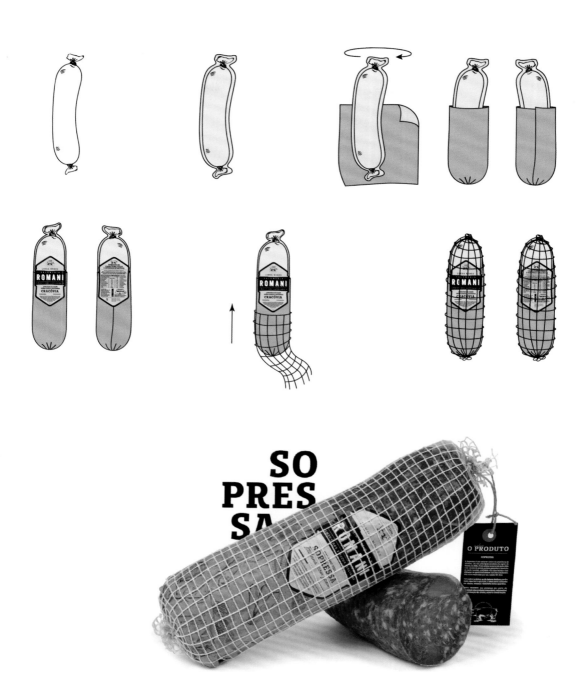

基于"品牌语言设计"的设计手法，Labis 设计为罗马熟食（Salumeria Romani）在经营理念、传播策略等方面都做了精心改造，对代表品牌形象的印刷字体、颜色、插图等也做了相应的调整，并将之用于线上线下的全部产品。 设计师以意大利国旗的红白绿三色为主要色调，又增添了黑、金色，给人一种更加素净精致的感觉。在图案设计方面，设计师选用了其他一些食材来衬托产品，更加烘托了美食的气氛。同时，设计师借鉴了原有的品牌标识和图章，却使用了完全不同的布局格式。

旧包装 •••••••••••••••••• ○ 新包装

高斯汀炼乳

设计机构：狂想创意设计公司
客户：高斯汀公司
国家：波兰

该款新包装是为高斯汀（Gostyn）炼乳重新设计品牌形象计划中的其中一项。设计始创于一项名为"清新"活动的初期，活动的主要目的是恢复那些曾经深受喜爱的著名品牌的昔日魅力。设计以柔和的色彩为基础色调，增添了产品淡雅甜蜜的特性；包装上原有的字体也做了调整，所有字母都大写着"MILK"（牛奶）和用以说明牛奶口味的手写字体形成了鲜明的对比；老式包装上的奶牛标志依然被保存了下来，但做了简化处理，使之与简约的包装理念相融合。过去的铝质包装也被现代的塑料自立袋所取代。

旧包装

新包装

拉雅雅伊萨萨酸奶

设计机构："表演必须继续"设计公司
创意总监：里卡多·莫雷诺
客户：伊萨萨乳制品公司
国家：西班牙

设计师选择了图示法将产品嵌入到与之相匹配的生活环境中，彰显这种特殊商品的消费定位。尤为重要的是，包装需要符合整体设计理念，需要兼具传统及独特。通过这一设计，拉雅雅伊萨萨酸奶以口味新鲜、适宜食用的特点，重塑了自己的品牌形象。自从新版设计推出以来，酸奶赢得了众多消费者的青睐，销售额持续增长。

旧包装 ·················○ 新包装

美滋乐牛奶

设计机构：坎特思创意俱乐部
创意总监：戴维·坎特
设计师：戴维·坎特
客户：美滋乐公司
国家：捷克共和国

多年以来,高端牛奶品牌美滋乐都没有更换包装,因此重新设计需要对其进行彻头彻尾的改变。新包装不仅需要呈现出美滋乐的超高品质,而且要迎合现代消费者的喜好,这些都是老包装未能实现的。市场竞争促使牛奶的包装更符合人体工程学、更日趋精美完善,因此很有必要在新设计中融入上述元素。利乐包装益处多多,既便于消费者倾倒和抓握,也更适合储存。

旧包装　新包装

诗凡卡伏特加

设计机构：ESTABLISHED 设计公司
创意总监：山姆·奥棠纳荷
客户：诗凡卡
国家：美国

诗凡卡（Svedka）是瑞典著名的伏特加品牌。ESTABLISHED 公司重新设计了诗凡卡所有系列的产品。设计师采用了开创性的方法，利用塑料薄膜热缩技术将全线产品赋予超高饱和度的色彩。浓郁的颜色完美地呈现了诗凡卡品牌大胆的态度，并且确保其包装瓶在陈列货架上新颖独特、吸引人眼球。创新的塑料薄膜热缩技术使得诗凡卡在全年不断地推出含有特殊口味的新产品，也能快速低成本地对不断变化的市场趋势做出产业调整。

旧包装

新包装

柯吉亚植物蛋白饮料

设计机构：Interact in Shelf 设计公司
创意总监：弗莱德·哈特
客户：凯利·科布
国家：美国

Interact in Shelf 设计公司与原自然5（现更名为柯吉亚）倾力合作，重新定位、命名和设计了他们的植物蛋白饮料。设计旨在将柯吉亚与市面上新涌现的植物蛋白饮料区分开来，同时凸显其坚持使用优良原材料以及背后的品牌故事。经过重新设计后，柯吉亚在整个食品市场上进行全国分销，并登上商店货架上出售。

旧包装 ○••••••• 新包装

净土果汁

设计机构：下班之后设计公司
创意总监：凯莉·班纳特、克里斯·麦克唐纳、莫伊拉·凯西
客户：净土果汁公司
国家：英国

在设计品牌形象的过程中,设计师决定利用产品独有的特点来增加品牌吸引力。创意需要认真考虑好主题的切入点,将品牌最能打动消费者之处通过包装设计展示出来,并行之有效地与消费者互动沟通,以此来吸引新的目标客户群。新设计一改原包装瓶标签的单一功能性,将其上升到品牌资产的高度。标签成为一种媒介,传达出夺人眼球的创意——该果汁是"上帝赐予的礼物"。标签及其充满爱意的信息构成了该品牌的核心理念——产品利用特有的包装设计在货架上与顾客互动交流。牛皮纸标签是该设计的一大亮点,细绳将标签捆绑在100%可循环使用的玻璃瓶上,色彩鲜艳的瓶盖贴纸构成了包装额外的装饰,清晰的贴纸与瓶身前面的品牌标识相得益彰。整个设计理念最大限度地颠覆了原包装设计,树立了新的品牌形象。公司在对该品牌那些忠实粉丝进行积极宣传、维护良好关系的同时,也不忘向不熟悉该品牌的消费者介绍了他们超级果汁的种种益处。

CHAPTER 3

第三章 幽默且具有想象力的设计思维

购物不再像以往那样单调乏味

顾客在超市货架前常常会因为商品包装缺乏让自己兴奋的互动交流而最终让理性战胜了购买欲望，在这里，商品包装只是起到一个保证商品安全、类似符号的作用。而同时，随着各种广告的日益增多，想引起消费者对某个品牌的关注也变得越来越困难了。因此，在这种情况下是否该重新考虑一下市场策略？

商场货架是一个竞争十分激烈的地方，是各商家的必争之地。顾客常在几秒钟内做出购买决定，而且多数情况下一个人的习惯会影响购买行为，除非优惠力度很大让顾客动心。那么，一个没有庞大营销预算支撑的品牌如何才能引起顾客的关注呢？挑战同类商品的标准视觉提示可能有悖常理，但是高风险也能带来巨大的回报。所有为了吸引顾客注意而做出的努力都是值得的。引起顾客好奇心是为了进一步激发他们了解品牌主张和承诺的愿望。当然，我们要确保这一切是有意义的，并且必须和受众群体密切相关；当然，我们更需要与众不同，以此获得经济利益。不管怎样，重中之重是要引起顾客的注意。当今社会几乎所有人都对逛超市轻车熟路，在超市里可以轻易找到他们所需物品种类的摆放位置，不需要再通过商品包装来说明商品的归属种类。因此，我们尽可放心地摆脱对一类商品模式化的传统设计思路，这就为我们富有创意的设计打开了一扇方便之门。

每个品牌都有自己创建、发展的经历，而其中一些正面积极的经历是可以通过产品形象传递给消费者的。例如，可以通过产品包装的互动设计来表现品牌令人愉悦、有趣的特性，消费者在购买产品时，可以切身感受到这点。一个诙谐的名字、一个出乎意料的设计、一个小故事中的人物等都可以用来表现诙谐幽默，进而打破以往同一类商品的雷同设计，使自己标新立异，吸引消费者的注意。

富有想象力的设计思维

澳大利亚的标志性品牌"黑天鹅"（Black Swan）在快速增长的希腊酸奶同类产品中，面临着品牌认知度和品牌识别度下滑的巨大挑战。调查发现可以利用品牌传统的优势，把品牌发展的真实历程融入品牌形象中，同时采纳品牌以往做线上推广时幽默的设计手法，打造了一个全新的别具一格的品牌形象。黑天鹅是澳大利亚沙司类食品的领军品牌，享有很高的品牌认知度。然而，这种优势并没有延伸到品牌其他类别的产品中，而且作为日常生活中高端优质产品的品牌定位也被忽视了。在希腊酸奶同类产品中，黑天鹅的品牌知名度和市场占有率都很低，包装上也只有一个品牌标志黑天鹅，除此之外别无特点。黑天鹅作为一家开创性的家族企业，最早创建于维多利亚州的南墨尔本市场。公司经过研究认为可以以此作为挖掘市场潜力的切入点。想到黑天鹅在过去的促销活动中使用的幽默广告用语，同时，相比其他同类产品单纯以奶源来表现消费者看重的品牌真实性和诚信度，公司决策者决定另辟蹊径，采用诙谐幽默的表现手法来提升品牌的识别度。

一个具有大胆想法的客户公司与一流的设计机构弗路伊德携手，开创了一种新的设计方向：将时下澳大利亚新鲜食品市场的各种人物形象栩栩如生地再现出来。设计重点突出品牌的市场起源，并重新构思了有关品牌的古老的希腊家族故事，从品牌传统到更广泛的文化需求，尽在其中。每款包装上的不同插图故事都会让消费者津津乐道，每次早餐喝酸奶时，人们都会在包装盒上有新的发现。最初的测试发现每个插图的不同部分会与不同的消费者产生共鸣，唤起人们许多怀旧的记忆。

消费者对品牌形象升级后的黑天鹅的反应是"有趣而奇特""限量生产""精心制作""价格稍高但可以接受"。富有创意的新的设计方向的效果立竿见影，"黑天鹅"对澳大利亚一家大型连锁超市进行了回访，原本打算撤柜的商家现在却要增加黑天鹅的库存量。借用幽默有趣的插图，使黑天鹅在商品繁多的货架上异常醒目，并且由此开创了一种讲述品牌故事的新方式。

小小的成功之后，我们得出这样一条经验：如果你的品牌故事中包含任何些许幽默、有趣的情节，它都会演变成一个强大的情感驱动器，为你在纷杂的市场货架广告中创造出更大的价值。

山姆·米尔恩

设计师简介

山姆·米尔恩是澳大利亚弗路伊德（Fluid）设计集团设计总监，该公司专注品牌策划与品牌设计，不仅善于从市场和企业的实际情况出发，在精准的品牌定位下，创造出个性化的品牌设计成果，帮助企业开拓市场，而且能从战略高度为企业制定长远的品牌战略规划，帮助品牌商实现可持续发展，提升品牌价值。

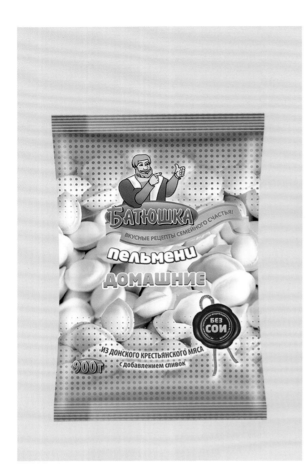 

旧包装 ·················· 新包装

百特尤士加食品

设计机构："超级市场"品牌设计公司
创意总监：安娜•维吉娜
艺术总监：丹尼斯•科诺瓦洛夫
国家：俄罗斯

百特尤士加（Batyushka）食品美味健康，并且易于制作。根据市场调研结果，公司需要树立一个全新的品牌形象，这项繁杂的设计任务由"超级市场"品牌设计公司来承担实施。新款包装的生动设计吸引了顾客的注意：包装上的人物形象十分符合品牌定位，而且特点鲜明容易被记住。为了提高品牌的认知度，商标被放在了醒目的位置加以强调；不同类型的产品包装采用统一的设计元素；重要的商品信息集中在包装的正面，便于顾客阅读，为顾客更好地了解产品提供了极大的便利。重新设计后的百特尤士加别具一格，在同类产品中脱颖而出。

旧包装 ············○ 新包装

乔威化饼干

设计机构：Ampro 设计公司
创意总监：艾利萨尔约尔内斯库
客户：雀巢公司
国家：罗马尼亚

116

重塑乔（Joe）的品牌形象使之与新品牌平台的核心理念"轻松放纵"相一致似乎并没有看起来那么简单。在至少尝试了八个设计方案后，设计师通过将逼真的图像与素描插图结合在一起的视觉语言来重新营造了一种轻松的氛围，与品牌定位十分相吻合。Ampro 设计公司的创意总监艾利耐尔约内斯库阐述："秉着轻松放纵率真快乐的品牌理念，我们选择了云朵、翅膀和光环作为主要设计元素，一方面象征着享受美味带来的快乐，另一方面也是区分其他同类产品的要素之一。"

雀巢公司品牌经理表示："消费者选择我们的威化饼干作为糖果的替代品，同样可以享受到品尝美味带来的乐趣，我们的品牌口号就是"无法抗拒"。虽然我们最初很难在 Ampro 设计公司提出的几个设计方案中做出取舍，但最终还是被这个简单易行的设计理念所征服，它不仅充分体现了产品新的市场定位，同时也确保了良好的货架可见性及区分同类产品的特色。"

旧包装

新包装

普利斯拜仁便利店食品

设计机构：Bold 设计公司

创意总监：奥斯卡·吕贝克

设计师：丹·班斯克格

插画师：蒂姆·卡特曼

国家：瑞典

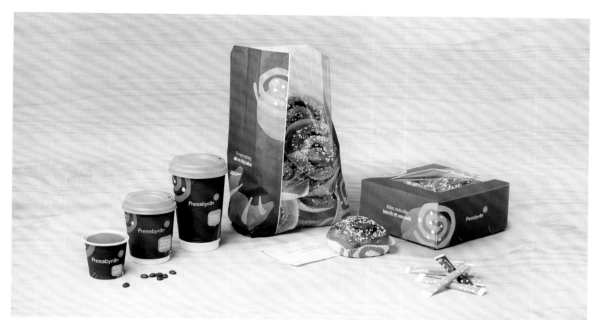

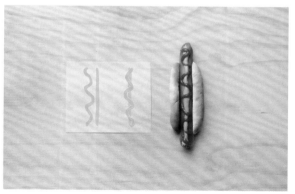

设计师选择使用手绘插画的设计风格使之与品牌的字体和视觉识别相协调，同时将不同产品巧妙地搭配在一起，例如，肉桂卷配上一杯香浓咖啡，几本杂志一杯软饮料，等等。在颜色的运用上，设计师使用统一颜色加上普利斯拜仁特有的黄色作为主要色调。为了达到一种更加诙谐、友好的效果，设计师将店内所有商品以简易象形的绘画方式整合成普利斯拜仁独有的传递信息的语言。

旧包装

新包装

乐购儿童早餐麦片

设计机构：彭伯顿和怀特弗尔德设计事务所
创意总监：彭伯顿、阿德里安、怀特弗尔德
客户：乐购集团
国家：英国

设计公司为乐购（Tesco）21种儿童系列早餐麦片重新设计了包装（共计52款）。设计师创造出众多丰富多彩易于辨认的各种小动物形象，体现一种乐趣和冒险精神，每一个形象分别代表一种麦片。受到奥运会的启发，设计师奇思妙想发明了由运动健将型的动物组成的早餐队，他们居住在一个早餐公园，公园里有各种运动场地；设计师为早餐公园和运动队设计的标识给小朋友们留下了深刻有趣的印象，使得小朋友们都踊跃地想成为运动队的一员。

旧包装

新包装

养养牌婴儿食品

设计机构：基姆设计公司
茉莉亚特

国家：韩国

养养是一家虚构的婴儿食品公司,是设计师在"世界最好的婴儿食品新包装项目"中杜撰的企业。正如"地球最佳"官方网站上所说的那样,设计的初衷就是以最简单的方式"将微笑挂在你小宝贝的脸上"。模切的标签设计仿若是宝宝嘴里含了食物一般。

旧包装 ○……○ 新包装

美味助手糖果

设计机构：All My T 设计公司
创意总监：安东·史林金
设计师：史林金、安东、安娜·冈察洛娃
国家：俄罗斯

俄罗斯美味助手公司以其独特创意包装下的美味食品而闻名于世。其中，最有辨识度的一个包装是里面装有不同糖果的塑料瓶。每一个瓶子都致力于某一个简单的目标或想法：为了赚钱、为了抗压、为了男人、为了妈妈，凡此种种。美味助手起步阶段仅仅是家小公司，其关注更多的是理念，而非理念的视觉表达形式，因此最初的设计非常简单——纯文本配以简单图像的贴纸。而另一方面，重新设计的包装版本要复杂得多。设计师选择了透明的贴纸，以便更容易看清瓶子里装的糖果，而图形元素的使用也较为规范严格。设计师自创了字体，并负责设计了所有的主体文字。黑漆和金银箔发出的光泽渲染了不同瓶子背后的理念。

旧包装

新包装

醒目巧克力

设计机构：Tether 设计公司
创意总监：瑞安·莫林、斯坦利、海恩斯沃思
设计师：莫斯、伊万·麦克唐纳德
国家：美国

Tether 设计公司对一款巧克力棒进行了重新设计，其原包装看起来像一个能量饮料，新包装表明这是一种让人垂涎欲滴的、有趣的、含有咖啡因的食品（蓝色和红色哪个更好，可替换）。该产品主要针对大学生市场，包装上的猫头鹰装饰表明该巧克力可以使你神清气爽，一天完成更多的事情。

旧包装 ⋯⋯⋯⋯⋯○ 新包装

利特丝咖啡

设计机构：向上设计公司
创意总监：戴维·皮尔曼
客户：海力·毕晓普
国家：英国

利特丝咖啡（LITTLE'S）是一个家族经营的精品咖啡品牌，总部设在英国的德文郡，其创始人是美国的亨利和芬兰出生的莱拉，二者将芬兰和美国两国的文化蕴含在咖啡品牌中。现在，公司由他们的儿子和儿媳共同经营，商家希望设计不仅要呈现出咖啡各种香醇的口味，更要突出这段独特的文化联姻。经过重新设计，现在该品牌在514家塞恩斯伯里商店出售。

旧包装 ················○ 新包装

太妃软糖

设计机构：D工作室
创意总监：韦斯·安森、菲尔·科尔
设计师：韦斯·安森、菲尔·科尔
国家：英国

重新设计旨在使产品包装更具个性化、更富有活力，因此可以同有趣的美食家、产品忠实的粉丝直接对话，以新颖的形式吸引顾客。之前的包装只是在简单地强调产品的焦糖成分，但缺乏有实际意义的信息。因此，设计师构想出"皆不雷同"这一理念，并委托5名插图师对包装进行涂鸦式设计，以确保每一份产品都彰显出自己的个性。字体也并不是单一不变的——每一个元素都是经过设计师的深思熟虑，手工制作完成。设计师甚至还在每个包装里都准备点小惊喜，等待着顾客自己去挖掘。

旧包装

新包装

猫弟本杰明松露巧克力

设计机构：Springetts 品牌设计
创意总监：苏·比克尔
客户：蜂蜜项目管理公司
国家：英国

132

猫弟本杰明松露巧克力曾遭遇了零售商自有品牌产品的冲击，并一度因缺乏令人信服的品牌故事而饱受诟病，其未来令人担忧。猫弟本杰明在维特罗斯超市的销售占其总销售额的51%，而后者甚至有意对猫弟本杰明做下架处理。设计师需要转变猫弟本杰明的市场定位，从情感上吸引消费者并充分展示产品的独特性，以确保其未来是颇具感性价值的品牌资产，而不仅仅是单纯的贸易供应商。设计师构想了猫弟本杰明"好奇的美味冒险"的独特定位，猫扮演着美食探险家的角色，以表明公司在食谱创新方面所做的尝试。设计师摒弃了传统的品牌价值，取而代之的是更具吸引力的哲学：好奇心使猫异常兴奋。设计师通过维多利亚蚀刻、植物绘画和手绘插画，附以奇特的产品描述和品牌故事等，将这一理念精准地诠释出来。产品换包装后，猫弟本杰明品牌允许其销售商单价上涨1英镑，这样使毛利增加90%。成功的全新设计方案改进了零售分销网络，也使季节性销售额增长了59%。

旧包装 ⋯⋯⋯⋯⋯⋯⋯ 新包装

雅米雪糕

设计机构：向上设计公司
创意总监：戴维·皮尔曼
客户：海莉·毕晓普
国家：英国

雅米（yummy）雪糕健康、清爽、美味、质量好、成分纯净并诚实标注雪糕成分，因此受到大家的喜爱。公司最初由布莱顿的两名孩子妈妈创建，目的就是为了坚决抵制那些虚假夸大产品质量的雪糕厂。雅米与其他雪糕厂不同，它用心关注产品质量，制作的雪糕不含有任何人工合成剂和甜蜜素，他们相信健康的食品同样可以香甜爽口。

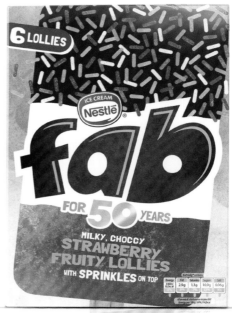

旧包装 ⋯⋯⋯⋯⋯⋯○ 新包装

雀巢 fab 雪糕

设计机构：Springetts 品牌设计
创意总监：保罗·威廉姆斯
客户：弗龙尼利（前雀巢公司）
国家：英国

品牌形象升级后的雀巢 fab 产品包装不再有雪糕的图像，取而代之的是公司 50 周年里程碑的画面。包装看上去和其他品牌的雪糕包装十分类似。消费者已经太熟识 fab 产品包装了，因此，升级后的包装不应该有太大的变化。设计师发现几乎所有品牌的雪糕包装都在使用三组颜色来表现雪糕产品的特色，这似乎比品牌本身更具有标志性，这就使得设计师的任务很简单明确：让人们一眼就识别出这是雀巢的 fab 雪糕。

旧包装　新包装

黑天鹅酸奶

设计机构："流动集团"设计公司
创意总监：马特·艾文特
客户：蒙德尼森公司
国家：澳大利亚

自35年前在维多利亚州南墨尔本市场起步以来，标志性的黑天鹅（BLACK SWAN）品牌建立拥有了强大的知名度。在继承传统精髓的基础上，设计公司和蒙德尼森公司的市场调研机构一起共同创建了一个品牌战略，为"黑天鹅"打造了一条令人兴奋、动人的发展之路。设计师通过利用插图讲述故事的手法，生动地再现了品牌历史："黑天鹅"最早是墨尔本郊区的一家希腊家族企业；插图由大家最喜爱的一名插图画家来完成，增加了作品的生动性。在整个设计过程中，大家齐心协力，打破了以往同类产品的设计风格，创作出别出心裁的作品。

旧包装 ··············○ 新包装

利克酸奶

设计机构：向上设计公司
创意总监：戴维·皮尔曼
客户：海莉·毕晓普
国家：英国

在布莱顿的任何一条巷子里，你都可以找到非常好喝的利克（lick）脱脂酸奶。品牌的两个创始人是童年的朋友，他们最初是用一辆三轮车卖酸奶，慢慢有了自己的小店。当他们想要进一步扩展业务时，就意味着要关闭他们可爱的小店，并考虑重新设计包装。全新包装重新上市的利克酸奶在短短的一年时间里销售额从10万英镑增加到100万英镑，而且订单还在不断增加，今天的利克酸奶在许多包括圣百利超市和奥凯多网上超市在内的零售店都有售。

旧包装　○　新包装

阿斯达食品

设计师：福克斯-富勒　贝丝
创意总监：福克斯-富勒　贝丝
客户：阿斯达食品公司
国家：英国

认真研究了几款阿斯达（ASDA）以往的包装，设计师认为它更需要的是一种品牌态度和自信，而不是平淡的绿色和白色构成的品牌形象。新设计采用极简的设计风格，令人耳目一新：简易的商品标签上印着诙谐的食物双关语，例如，鸡蛋盒的标签上写着"我是破裂的"；而熏鲭鱼的托盘上则写着"捕了一条大鱼"，令人看了不禁发笑。正是这些让人发笑的诙谐用语紧紧抓住了人们的注意力，同时也给品牌注入了鲜明的个性。

旧包装

新包装

博弈食品

设计机构：向上设计公司
创意总监：戴维·皮尔曼
客户：奥克拉食品公司
国家：芬兰

博弈公司期待消费者在家腌制、烹饪食物，因此该产品需要独具创意的包装使得消费者也深受启发。包装上的透明窗可将鱼清晰地展示出来，设计师精心独到的设计旨在鼓励消费者使用其建议的美味食谱在家准备、腌制菜肴。全新的设计帮助费利克斯阿巴公司占领了鲱鱼市场的绝大部分，继续它在海产品中傲视群雄的领先地位。

旧包装　新包装

巴尔韦德水

设计师：法布里齐奥·可可-斯特凡尼亚·皮齐基
客户：巴尔韦德饮用水公司
国家：意大利

意大利一个顶级的饮用水品牌巴尔韦德（Valverde）决定为 2015 年米兰世博会定制一款 250ml 特别版的瓶装水。因此，他们在笔者所在的大学里开展了一次设计大赛，要求提升产品自身蕴含的品牌价值：纯洁、轻盈和卓越。设计师提出了两个方案：第一个是从书法中得到的灵感，设计师使用毛笔和水书写了环保的格言。第二个方案是将每个瓶子都穿上西装和裙子，让每个瓶子身上均散发出巴尔韦德所代表的优雅感。

旧包装

新包装

水果爆裂软饮料

设计机构：Williams Murray Hamm 设计公司
创意总监：加里克·哈姆
客户：格兰特·威利斯、雷切尔·普莱斯
国家：英国

品牌名字正如产品一样，"水果爆裂"软饮料含有丰富的水果成分，是每天必备的健康饮品。产品在小规模的独立公司有着良好的分销渠道，而他们的目标是进军更大的零售连锁店。一些颠覆性的设计会有助于实现这一理想。设计理念就是要以一种碳酸饮料的态度为消费者提供一个健康的果汁饮料。Williams Murray Hamm 设计用"健康的探戈"来重塑品牌形象，使之与消费者之间达成亲密互动的同时，营造了一种和谐的氛围。正如该品牌的名字一样，设计师利用 Blippar 应用软件创作出爆裂水果的图像，从而开启了一段引人注目的品牌形象之旅。在新款包装推出 9 个月之后，其营业额几乎翻了一番，分销业务增长稳定，水果爆裂成为 2014 年度最受欢迎的品牌之一，甚至击败了"一个方向"和"神秘博士"等品牌。新包装的成功也促进了公司业务范围的扩展，共计推出了 17 款不同口味的果汁及一种含有 99 卡路里的瘦身饮品。

旧包装

新包装

奥莱迪果汁

创意总监：肯东
设计师：肯东
国家：越南

150

人们希望越南包装行业能突破之前一贯使用的"安全箱",取而代之的是颇具个性的、别具一格的设计形式,以吸引消费者的注意力。在这一设计中,设计师旨在给用户带来一种纯天然的气息,尤其针对产品的主要受众目标——孩子们。与此同时,全新的设计也在直接购买产品的消费者(母亲)中间增加了可信度。该设计呈现出一个四边凹陷的锥体结构,方便消费者手握。此外,每种产品的包装上都出现了天然的水果图案,凹陷的部分则呈现该水果被切开露出果肉的样子。

旧包装 ·················○ 新包装

弗利亚茶

设计机构：向上设计公司
创意总监：戴维·皮尔曼
客户：扎西力
国家：英国

弗利亚茶（Teaforia）是擂茶的一个品牌名字，擂茶虽名之为"茶"，其实却和传统意义上的清茶有着极大的不同。"弗利亚茶"品类繁多，原料有南非路易波士茶、绿茶等，再配上天然素材柠檬、生姜等。擂茶的制作工艺保证了原料的每份养分都融化在了馨香的茶水里，品擂茶，其味格外浓郁、绵长。

旧包装

新包装

卡里奥卡贝比彩笔

设计机构：阿尔克设计公司
创意总监·贝尔杰西奥利诺
客户：卡里奥卡斯帕
国家：意大利

卡里奥卡贝比（Carioca Baby）是卡里奥卡斯帕Carioca Spa旗下的第一个子品牌，其产品专门针对1至5岁学龄前儿童，产品设计主要是为了树立儿童用品的品牌形象。"卡里奥卡贝比"产品可以让孩子们自己专心投入学习和玩乐，进而解放了孩子妈妈。设计师选用橙色、暖色和亮色作为基调色，使产品在儿童玩具用品区域内易于辨认。每盒产品都被赋予了童话故事，变得鲜活起来，他们不再是简单的铅笔或记号笔，而是"勇敢的记号笔""传奇的蜡笔""喜欢冒险的铅笔""宇宙泰迪记号笔"等，个个都是精彩故事里的明星主角，从放上货架的那一刻起，他们就随时做好了开启儿童甚或成人创造力的准备。最后，考虑到产品开发的无限性，绘图系统采用模块化和扩展性设计，以便为在其他媒介上的开发创新打下基础。

旧包装　新包装

"杜欧"安全套

设计机构：Mousegraphics 设计公司
创意总监：特萨卡那科斯·格雷格
客户：拜尔斯道夫公司
国家：希腊

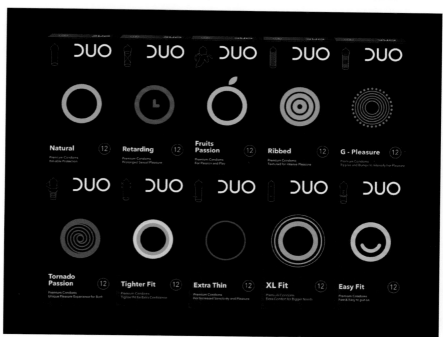

为了表现"杜欧"安全套的多样性，Mousegraphics 设计公司开发出了一种诙谐的、有情趣的"杜欧"语言。全黑底色上色彩明快的各式圆形抽象图案形象地象征着不同种类的安全套。例如，水果图形代表香味儿型安全套；时钟代表性爱延时性安全套；圆形的机械节点代表快感增加型安全套，等等。

CHAPTER 4

第四章

富有温度的情感传递

在过往的众多项目中，我们也在思考，产品包装设计在商品化的今天，什么才是最重要的？是包装的结构，包装的材质，包装定位，还是包装营销？应该说每一个环节都很重要，而真正能让消费者拿起或放下的理由，除开产品本身的因素外，那就是产品与消费者精神与情感的沟通！

现在产品包装设计已经不是简单的物品盛放，在包装设计方面有了许多的突破，这种突破不仅仅表现在包装的材料和形状上，更多的是在包装设计中融入了较多的情感因素。我们通过对包装设计中情感因素的作用、表达形式进行探究，从而更好地对包装设计的情感因素进行指导。随着社会的不断进步，人民生活水平的不断提高，人们在追求物质充裕的同时更加的注重精神、心灵上的关怀和满足，这就促使许多事物不断地发展创新，满足人们的诉求，产品包装设计也不例外。

包装设计需要创造性的思维，设计师在赋予包装物品实际作用的同时，还要加强包装的情感因素的设计。通过这种人情味的设计，既满足了消费者的心理需求，同时又实现了产品价值。

利于确定感情基调，树立品牌形象。当前商品的竞争不单单是商品功效的竞争，还存在一些文化软实力上的竞争，包装设计的情感因素就是软实力竞争的一种有效方式。包装设计中融入情感因素，能够更好地传达品牌信息，引起消费者的重视。如可口可乐新的产品包装，红底白字是可口可乐的象征性标志，在不改变此前提下，将一些词语融入产品的包装中，使可口可乐的品牌形象更加的深入。

个性化的设计，吸引特定的消费者。包装设计融入情感因素，能够更好地引起消费者的情感体验。在包装设计上，要充分运用创新的思维，对产品包装进行个性化的设计，引起一些特定的消费者的注意。在充分了解消费者心理的前提下，对产品包装进行独特的设计，充分表现产品的特点，引起消费者的关注。

产品包装设计是有情感的，在包装设计中注入人的情感因素，是人们情感需求的体现，它需要我们在包装设计上重视与消费者心灵的沟通，重视包装设计的人性化。包装设计中的情感因素不仅是对设计师本身专业技术的考验，更是对设计师对于消费者情感诉求掌握的考验。在包装设计中注入情感因素，要学会利用多方面的情感表达，使包装设计的情感因素能够为消费者的情感体验所用。情感是人类最重要的精神活动，而包装设计中注入情感则是包装的更高阶段！

亚历山大·瓦金

设计师简介

亚历山大·瓦金，经济学博士，"超级市场"品牌设计公司总监。

"超级市场"品牌设计公司（SUPERMARKET Branding Agency）是俄罗斯一家一流的设计机构，专门为品牌的创建和推广提供各种方案。公司成功设计包装了俄罗斯本土和国外众多公司、用户及零售品牌的各类项目。

旧包装

新包装

"莫拉丽塔"糕点

设计机构：Ampro 设计公司
创意总监：艾利耐尔·约内斯库
客户：帕诺尼亚集团
国家：罗马尼亚

无论从公司历史发展还是销售规模来看,"莫拉丽塔"都可谓是帕诺尼亚集团的第一品牌。为了在视觉上与品牌定位相匹配,设计师重新设计了商标,添加了风车和女人头像的图案;另外,作为品牌标志,设计师还使用了罗马尼亚传统风格的刺绣花朵,增加了包装的真实感和人情味,也使包装看起来更加女性化。

旧包装

新包装

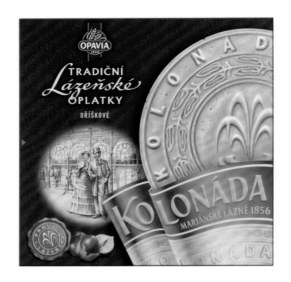

科罗娜达薄脆饼

设计机构：坎特思创意俱乐部
创意总监：戴维·坎托尔
客户：科罗娜达公司
国家：捷克共和国

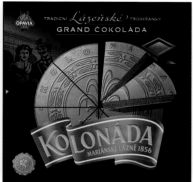

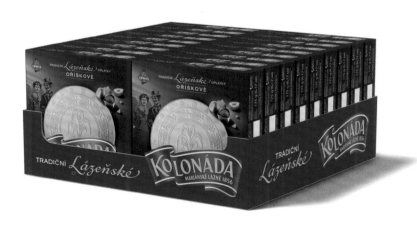

科罗娜达（Kolonáda）薄脆饼已经拥有160多年的历史，是世界各地的游客去捷克共和国度假时必买的传统礼物之一。近15年来其包装设计未曾做过任何修改，公司经过慎重考虑认为有必要进行品牌升级。升级的重点是在传统包装的基础上添加现代时尚元素，新包装不仅保留了原有包装的色彩特点，更加强了产品的整个视觉效果。同时，因为原产品在市场上被许多商家仿造，因此有必要凸显品牌名字"科罗娜达"。升级后的产品重新恢复了以往的销售业绩，并进一步巩固了品牌的市场影响力。

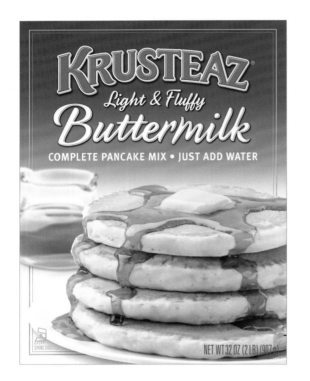
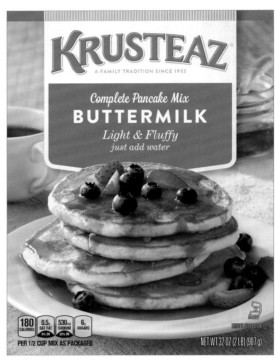

旧包装 ....○ 新包装

克鲁斯提兹食品

设计机构：Tether 设计公司
创意总监：巴雷特、丹·史密斯
客户：克鲁斯提兹食品公司
国家：美国

克鲁斯提兹（Krusteaz）饼类食品作为一种主食，已经成为美国西海岸几代人不可或缺的一个品牌食品。但近年来，其品牌影响在烙饼和烘焙食品市场有所减弱，针对这一情况，公司决意通过品牌形象升级来赢取更多的食品市场。Tether 设计指导创作的摄影作品令人看了垂涎欲滴，胃口大开；同时，新的设计语言迎合了当代的时尚品位，并唤起了人们对家制食品的喜爱之情。

旧包装 ··················○ 新包装

"法德勒约斯·奎拉娜"饼干

设计机构:
"表演必须继续"设计公司

创意总监:
里卡多·莫雷诺·罗德里格斯

客户:
法德勒约斯·奎拉娜

国家:
西班牙

该设计的阿拉伯式花纹图案为品牌增添了独一无二和真实可靠的特性。为了提升品牌价值,作品使用的颜色与产品特点十分贴切,而且当产品摆放在商场货架上时,色彩会产生强烈的视觉冲击,给人一种视觉上的幻觉,仿佛看到了正宗手工制作的精美糖果。为进一步加强视觉效果,使产品能够在众多的商品中脱颖而出,吸引消费者,作品中更是融进了现代元素,看起来更具时尚感。

旧包装 ·················○ 新包装

玛塞拉墨西哥玉米片

设计机构：快乐设计公司
创意总监：帕朋柏乔恩
名户：玛塞拉·弗洛雷斯
国家：英国

玛塞拉（Marcela's）作为一个墨西哥玉米片品牌，希望在品牌形象中注入一些墨西哥民族精神。在品牌升级过程中，关键是要确保新形象能够清晰地传达产品的真实性，以便吸引更多喜欢美食的人。墨西哥的街道上到处都是引人注目的涂鸦，涂鸦上富有当地特色的图像、流行文化以及未来派设计风格给了设计师创意的灵感，创作出了以墨西哥佩奥特掌盛开花朵为核心内容的品牌新形象。生动活泼的色彩、漂亮的几何花卉、光芒四射的光线以及摩登的花式字体组合成了一个富有墨西哥迷人风情的品牌形象。

旧包装 ⋯⋯⋯⋯⋯⋯⋯⋯ 新包装

克林尼小麦面包干

设计机构:"超级市场"品牌设计公司
创意总监:安娜·瓦吉娜
客户:克林尼食品公司
国家:俄罗斯

克林尼是俄罗斯一家顶级的零食品牌。"超级市场"品牌设计公司与该公司有着密切的合作,承担了重新设计克林尼小麦面包干的项目,而此产品堪称是该公司最重要的战略产品之一。经过设计师的全新打造,产品的新包装更为生动、更现代化,受众范围也更广。显然,诱人的食品图案使产品更具吸引力,而包装袋上的木质纹理也树立了高品质产品的良好品牌形象。

旧包装 ●●●●●●●●●●●●●●● ○ 新包装

福特纳姆和玛森饼干

设计机构：布里奇设计公司
创意总监：克洛伊·坦普尔曼
客户：福特纳姆公司
国家：英国

福特纳姆和玛森饼干是该公司旗下的核心产品，布里奇设计公司秉承了该品牌大胆且美观的一贯风格，重新设计了产品的外包装。设计师受到福特纳姆和玛森档案资料中精美的瓷器茶具及皮卡迪利店的建筑细节的启发，设计出一个独特的雕花盘子，每款包装的图案分别是这支精美餐盘的不同部分，再配以绚烂的颜色和福特纳姆和玛森的品牌颜色淡绿色，以及新的品牌口号"非凡的下午茶时间"，打造了一个全新的品牌形象。引人注目的设计结果彰显福特纳姆品牌的独特之处，既让人联想到格鲁吉亚时代的店铺，又兼具当代风格。

旧包装 ·················○ 新包装

奥特斯卡雅斯卡卡麦片

设计机构:"超级市场"品牌设计公司
创意总监:安娜·瓦吉娜
客户:丹尼斯·科诺瓦洛夫
国家:俄罗斯

奥特斯卡雅斯卡卡是谷物、意大利面及面粉的最大生产商之一。该项目旨在为其麦片产品重新设计包装，设计师遵循着保护权、研发独特高品质包装的理念，以品牌优势及产品的纯天然性来吸引广大消费者。设计师利用插画风格来实现这一先进的理念，图中健康、积极的人物形象在传递着情感，新包装在吸引消费者的同时，也与之形成了一种默契。自然色调的使用使包装看起来更亮丽、使人更加有食欲，也给人以对健康有益的印象。

旧包装　　　　　新包装

柯克兰混合水果干、坚果仁

设计机构：普尔设计公司
创意总监：米歇尔·普尔
客户：好市多公司
国家：美国

为世界上最大的零售商重新设计一款产品包装的任务不是一件简单的事，之所以这样说是因为设计要求之多，但可以肯定的是，这的确是件壮举。例如，他们要求标识需要和原包装一样大小，而且位置要低于包装袋的拉链。设计师的创作过程并没有受此限制。原创的水彩画为设计提供了一个内容丰富、色彩缤纷、美味多汁的水果背景图案。整体包装呈现出清新、明快的外观，同时选用了最现代化的字体。全新的设计一改旧包装沉闷、深暗的风格，使其摆在仓储货架上更有辨识度，更容易吸引好市多消费者的目光。

旧包装 ○ 新包装

尼克斯食品

设计机构：Bold 设计公司
创意总监：奥斯卡·吕贝克
设计总监：杰斯珀·克莱瑞恩
客户：塔吉特公司
国家：瑞典

在过去的几年里,有关无糖食品的报道堪称到了信息爆炸的程度,但重要的信息往往被忽视了——口味。这就导致了消费者的不信任。无糖=无味。很多人厌烦了被食品公司及摆在货架上的产品所愚弄,设计师意在发起一项运动去争取人们的信任,让其相信有人站在他们一边。因此我们的方法不是告诫人们吃太多糖的后果,而是要和他们联合起来反对制糖工业。包装设计的灵感源于20世纪80年代朋克亚文化风格,为了提供强大的信息,设计师赋予品牌一种前卫的色调和字体排版。但是,新包装也需要在货架上显得醒目,看起来美味。因此,设计采用了点阵图模式。快乐、好玩的圆点构建了品牌的一致性,也是重要信息的载体。

旧包装 ·················○ 新包装

帕尔森保健品——拥抱生命的自然节律

设计机构: The Space 创意公司
创意总监: 大卫·汤姆森
客户: 帕尔森公司
国家: 英国

帕尔森公司生产的是纯天然成分的健康食品，可使人在白天维持机体的能量平衡。The Space 创意公司将其品牌精髓提炼为一个短语：拥抱生命的自然节律。全新的设计以"动感节奏圆盘"为特色：最中央是个带有品牌标识的中心圆，其发出的脉冲形成了永恒的能量波，而食品成分图示则构成了同心圆。新包装也蕴含了大自然的几何学、星体地图及古代的时钟等信息。

旧包装 ·················○ 新包装

乐购芬妮斯特食品

设计机构：彭伯顿和怀特弗尔德设计事务所
创意总监：西蒙·彭伯顿、阿德里安·怀特弗尔德
客户：乐购
国家：英国

乐购（Tesco）委托彭伯顿和怀特弗尔德设计事务所（以下简称P&W）为其旗下品牌"芬妮斯特"的各种食品重新设计品牌形象。这种形式的设计因各食品的包装方式、规格和制造商不同的特点而与一般的设计大相径庭，有关各产品的真实性和原产地的叙述就显得尤为重要，需要在设计方案中反映出这一要点。P&W通过精雕细琢的字体排印、定制的插图和精心编辑过的摄影图片为每一类食品量身定做了各自的形象，而又不失整个品牌的特色。精美的设计不仅展示了有关产品真实性和起源的故事，更确保了品牌的高端定位及其食品质量和原料的可信度。

旧包装 ○ 新包装

科林尼零食

最受欢迎的俄罗斯小吃品牌"科林尼"认为有必要进行品牌形象升级，"超级市场"品牌设计公司因此为品牌的整个产品线设计了富有创意的统一概念的包装。对比鲜明的颜色搭配和说明式设计使得该设计别具一格。文字部分是有关消费者关心感兴趣的内容，增加了消费者选择该品牌的可能性。整个产品线统一的品牌口号更是易于消费者记忆。与原有包装相比，品牌形象升级后的产品更好地利用了包装与消费者互动交流，以此吸引消费者的注意力，激发消费者的购买欲望。

旧包装 ⋯⋯⋯⋯⋯⋯ 新包装

星星爆米花

设计机构：
Ampro 设计公司

客户：
星星食品公司

国家：
罗马尼亚

星星是一个零食品牌,在爆米花及膨化食品市场上占有重要一席。该品牌自创建以来,外包装经历了数次变化,然而却从未能将自己准确定位,其品牌形象尚未达到在同类竞争产品中是值得拥有、独一无二的预设。在2016年,星星决定改变针对年轻人的"小食星球"这一设计理念,取而代之的设计目标是构建欢乐的、难忘的、幸福的家庭氛围。具体的策略就是通过创造一个具有动态外观和感觉的可识别的标志性元素来传达派对伊始、营造谈话气氛。游戏因素必须是现代的且有利于交际,要避免卡通及幼稚的方法。获胜的理念"分享装"是品牌全新定位的核心因素:令我们聚在一起,给家庭带来欢乐,开启了交流,使每个人参与其中并身心愉悦。

旧包装 ·················○ 新包装

莱特罗爆米花

设计机构：宁静风暴设计公司
创意总监：加雷斯·罗伯茨
客户：格雷戈·麦勒·莱特罗
国家：英国

全新的设计以其明快、原创、略带刺激的朋克美感将产品与其他竞争品牌区分开来。最重要的是，新设计摒弃了以往爆米花的包装必须遵循的特定样式，即所谓的"红色天鹅绒及影院照明美学"。相反，一个全新的、充满诱惑力的品牌形象诞生了——这是颇具英伦风格的、独特的、标志性的、现代的、独一无二的产品。

旧包装 ·················○ 新包装

梅特卡夫瘦身爆米花

设计机构：Springetts 品牌设计
创意总监：安迪·布莱克
客户：凯特尔食品公司
国家：英国

设计师的任务就是以一种轻松愉快、吸引人的方式传达出该品牌是同类竞争产品中最健康的食品。公司投入大量资金用于产品开发,因此包装必须准确地反映出品牌的个性,清晰地表明此产品是最美味、最健康的爆米花,是适合每个人的零负担零食(而非只有小众市场的利基产品)。设计师制作了一系列醒目的、具有独特风格的设计包装,彰显了品牌颇具吸引力、充满活力、轻松愉悦的个性。每种口味均配以大胆的着色方案,使其在货架上脱颖而出。精心设计后的包装彰显了品牌个性,同时在包装上也标明了各种不同口味。标牌式商标由原有标识演变而来,外形之独特通常不为一般商标所使用,正是这种独特的商标造就了品牌与众不同的鲜明个性。新包装的设计反映了公司让所有消费者都可以品尝到最美味、最健康的爆米花的决心与热情。

旧包装

新包装

克洛塔巧克力

设计机构：向上设计公司
创意总监：戴维·皮尔曼
客户：海力·毕晓普
国家：芬兰

人们都喜欢巧克力，而添加了其他美味配料的巧克力口感会更好。全新的克洛塔系列以蓬松的牛轧糖、松脆的威化及独特的包装纹理，尽显吃巧克力的乐趣。新包装一经推出，其销售额比预期高出了25%。

旧包装

新包装

吉百利迷你卷

设计机构：Robot Food 设计公司
创意总监：西蒙·福斯特
客户：第一食品公司
国家：英国

吉百利迷你卷自 1962 年上市以来就一直频出现在超市货架和人们的午餐盒中，深受人们的喜爱。 也正是从那时起，许多商家纷纷仿造吉百利香草奶油夹心卷，出现了许多山寨品牌。因此，Robot Food 设计公司对品牌形象进行了彻底升级改造。新的品牌形象创意大胆、诙谐，设计师利用旋转填充形成的话筒形状， 配以自吹自擂的话语来表现吉百利迷你卷之于山寨产品的明显优势。

旧包装 ○ 新包装

费加罗 – 塔蒂亚娜巧克力

设计机构：坎特思创意俱乐部
创意总监：戴维·坎托尔
客户：费加罗公司
国家：捷克共和国

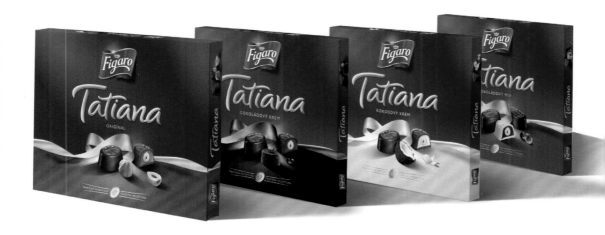

塔蒂亚娜是传统的盒装巧克力，在捷克和斯洛伐克市场上极为畅销。几年来包装一直未曾做过更改，致使销售开始停滞不前。因此，品牌形象亟须升级。塔蒂亚娜（Tatiana）是费加罗（FIGARO）旗下的一个品牌，品牌形象升级后，红色被明确为费加罗品牌的主色调，而且加强渲染了礼品元素和美味成分。通过简化构图使整个设计看起来更加整洁，更具有档次。随后推出的季节性限量版巧克力备受消费者青睐，销售也随之迅速回升。

 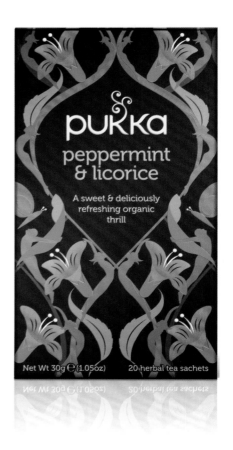

旧包装 ·················○ 新包装

帕卡有机茶

设计机构：The Space 创意公司
创意总监：大卫·汤姆森
客户：帕卡草本公司
国家：英国

2005年，设计师和来自英国帕卡(PUKKA)草本公司的蒂姆和塞布会面时，发现他们出产的茶叶在包装上看起来更像是止咳药，而不是美味的有机茶。而经过品牌形象升级后的包装盒描绘了一幅人与植物和谐共处的美丽画面，插图的对称性反映了帕卡茶帮助人们在生活中找到的平衡。画面中你可以感受到品饮帕卡茶带给我们的幸福感，使我们更接近真实的自然状态。精美的包装不仅让人对茶叶的味道浮想联翩，而且人们还会把漂亮的茶叶盒像装饰品一样摆放在家里，而不是把它们藏在橱柜里。

旧包装 ·············○ 新包装

翁布里亚咖啡

设计机构：Tether 设计公司
创意总监：侯罗・哈格特、男森・巴彻尔斯
客户：翁布里亚咖啡公司
国家：美国

翁布里亚咖啡具有丰富的背景故事，以手工制作正宗意大利浓咖啡著称，历经三代流传至今。品牌形象升级时既要创造品牌咖啡独特的个性，又要与整个"翁布里亚"品牌形象保持风格一致，这对设计师来说无疑是个挑战。品牌形象升级后的翁布里亚咖啡与比扎里家族独特的传奇故事一样优雅、精致、真实。

旧包装

新包装

蝴蝶牌限量版帕卡马拉天然咖啡豆

设计师：
约瓦娜·扬科维奇

国家：
塞尔维亚

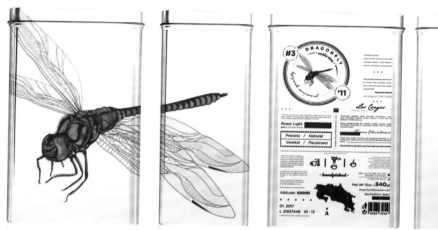

该作品设计理念独特，其核心思想是充分利用商标LOGO的双重价值，即商标同时具有品牌标识和图案的作用。因此，在设计时不需要再考虑其他类似影像、绘图图像等图形元素。但在这种情况下，其他元素如线条、虚线、象形图等的排印格式就显得异常重要，因为咖啡克重、表现咖啡家庭煮制方法的象形图及标明产地的象形地图等都涵盖其中。新的品牌形象以黑色和金色为主调，黑、金色组合似乎是当今限量版的标志。高级限量版的另一个不同版本是金属包装盒，它看起来更像是礼品盒。

旧包装 ······○ 新包装

格兰德咖啡

创意总监：玛格丽特·娜
设计师：玛格丽特·娜
客户：上岛格兰德咖啡
国家：挪威

上岛格兰德咖啡是一款经过品质认证的品牌,重新包装旨在提升其社会效益和经济效益的同时,确保购买产品的顾客感觉良好、心态平和。从外观上重新思考、重振品牌是设计师的理念,全新的包装不仅能够传达出格兰德咖啡有多么的美味,而且能够展示出它给人们带来的种种益处。这一项目是将咖啡文化与乡村相结合的典范,通过咖啡的加工过程告诉人们美味的咖啡背后蕴含着的生产工作的艰辛。设计师专注于打造个性化设计,力求强有力地表达信息,并为大众所认可。如今,人们认为咖啡是种司空见惯的产品,很少去考虑生产咖啡所需要的复杂工序。设计师以真实友善的方式展示了种植园工人长期的辛勤工作、应该享有的权利,以及上岛格兰德咖啡的天然成分及内涵的咖啡文化。

阿尔卡拉斯瑟温德牛轧糖

阿尔卡拉斯瑟温德牛轧糖是一个传统的牛轧糖品牌，是西班牙小镇希约纳最经典的糖果。设计师萨宾娜·阿尔卡拉斯负责重新设计该品牌标识及所有产品包装。为能更好地实现目标，设计师需充分了解孕育了所有产品的小镇希约纳的传统及特征。版画成为这些牛轧糖棒的主角。其设计灵感源于希约纳传统舞蹈中的典型服饰——斗篷和裙子，设计师摒弃了传统的常规设计，取而代之的将这些版画"穿"在了牛轧糖身上。"全新独特的标牌设计使该品牌牛轧糖不同于其他品牌的同类产品。"

旧包装

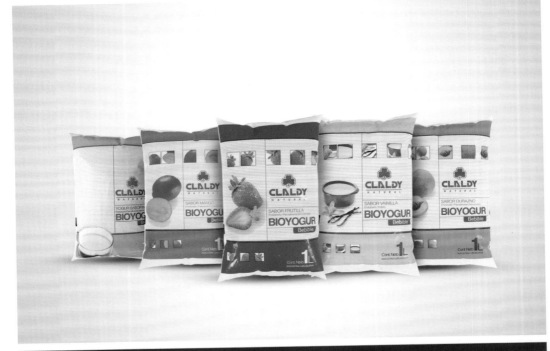

新包装

百好酸奶

设计机构：CREATOR 设计事务所
创意总监：马丁·皮内洛
客户：克莱迪食品公司
国家：乌拉圭

多年来，工作室一直在致力于克莱迪的包装设计，而设计师在此过程中也经历了该品牌形象由少到多的历程。现有机会为他们重新设计几款产品，而此设计也是迄今为止工作室为该品牌形象所进行的最大胆的突破式创新。设计师一直秉承着经典的设计之道，但这次向客户提议欲将产品提升一个档次。之前的包装设计得很好，采用的是极简主义风格，而设计师相信当前的包装设计提案会使产品看起来更加炫酷、更为美观。对克莱迪公司来讲，全新的设计异常成功，其产品销售额明显增长。

 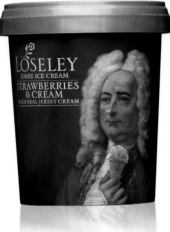 

旧包装 ·················○ 新包装

洛斯利冰淇淋

设计机构：彭伯顿和欧特弗尔德设计事务所
创意总监：彭伯顿、艾德里安·怀特福德
西蒙·
客户：比茨蒂安乳业有限公司
国家：英国

洛斯利是一个有待振兴的品牌；旧包装逐渐褪下光环，已经不再能够展示其贵族庄园的起源和溢价定位。该品牌的营销范围逐渐缩小，销售额不断下滑，因此需要彻底的全新设计。彭伯顿和怀特福德事务所的设计方案是将曾经在这座豪宅居住过的历史人物肖像印制在洛斯利包装上，以一种独特的、值得购买的方式将产品重新带回到人们的视野。该设计机构成功地以英国的文化精华来重新定义该品牌。新包装使一个垂死挣扎的品牌又重新焕发了生机和活力，特易购、阿斯达、塞恩斯伯里及维特罗斯均可见到该品牌，其销售额也增长了35%。

旧包装 ·················○ 新包装

斯涅日诺耶拉可莫斯夫冰淇淋

设计机构:"超级市场"品牌设计公司
创意总监:安娜·瓦后娜
客户:丹尼斯·科诺瓦洛夫
国家:俄罗斯

斯涅日诺耶拉可莫斯夫冰淇淋的重新包装设计旨在以平民的价格打造一款令人赏心悦目的产品，以吸引各个层次消费者的目光。超市品牌设计机构重新创作了品牌标识。新标识很容易看懂，其口号"童年的味道"使人回想起在童年时期那些最喜爱的甜点。新包装上附有可爱的图案，使人们联想到拥抱、家庭价值观、与亲人们欢聚的快乐时光，因此新标识有助于与消费者沟通交流、对树立品牌正面形象起到了积极的作用。

旧包装 ·············· 新包装

克里米斯橄榄油

设计机构：设计公司"懒驴牛"
创意总监：德拉卡基·约安娜
客户：艾沃克里特有限公司
国家：希腊

克里米斯是克里特公司新近推出的系列橄榄油，升级后的品牌包装强化了"村庄"概念，在那里，橄榄油的生产加工工艺依旧还是古老的传统方法。雕刻品般的画面营造了返璞归真的氛围；和以往特级初榨橄榄油使用的红色不同，白色占据了新包装的主要视觉空间，足以说明产品的纯度；商标选用了代表克里特文明的百合花，颜色则是经典的陶艺棕色。

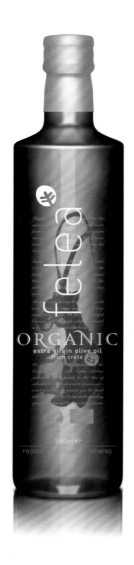 

旧包装 ○ 新包装

费莱亚食品

这间位于克利特岛的公司最初是一家橄榄油公司,但其产品范围扩大,如今已经包括了香醋、蜂蜜、香草和橄榄。公司的品牌形象需要在现有的品牌标志和野生山羊元素上进行一次彻底的改造。我们的目标是打造一个简单而干净的外观,体现费莱亚产品的高品质和真材实料。设计出的品牌形象使用野山羊作为所有标签中的标准主题元素。大多数产品采用的是白色搭配其他柔和颜色,而香醋使用黑色加以区分。

旧包装 ········○ 新包装

塞恩思伯里有机产品

设计机构：Williams Murray Hamm 设计公司
创意总监：加里克·哈姆
设计师：格兰特·威利斯
国家：英国

"塞恩斯伯里"在20世纪80年代率先开创了自有品牌的有机食品。到了2004年,在整个有机产品市场增长15%的情况下,他们的销售额却只增长了6%,市场排名也由原来的第一位下降到了第二位,收入损失1900万美元。所有这一切都和刻板的老式包装有关,老式包装上没有任何商品信息,缺乏区别其他商品的特性。因此,品牌形象升级势在必行。Williams Murray Hamm设计(简称WMH)为产品重新创建了寓意深刻的"SO"作为品牌名字,并以一种引人注目的极简设计策略使有机食品大众化,帮助人们更好地了解有机食品及其对人体的好处,使人们对"塞恩斯伯里"再次倾心,并心甘情愿掏钱购买。

旧包装

新包装

贝特利食品

设计机构：下班之后设计公司
创意总监：凯利·班尼特、克里斯·麦克港纳、莫伊拉·凯西
摄影师：尼尔·钦特
客户：贝特利食品公司
国家：英国

贝特利品牌形象升级后，创建了品牌新主张"平凡中创造非凡"，并以此为目标精心打造自己的品牌食品，其中包括腌菜、酸辣酱、调味汁和果酱等。原商标中的月桂树经过巧妙修改后被移放在包装最醒目的中心位置，构建的画面似乎在讲述这样一个有关品牌成长的故事：代表品牌的月桂树已深深扎根于土壤中长成了参天大树，并创建了一个强大的品牌结构，同时还传递了品牌价值的意义和背景，使人们有足够的理由相信贝特利食品是由源自土地最好的天然原料制成的。另外，产品名称直接引出了产品的配方特点，并以诙谐的方式描述了一勺贝特利食品如何为你每天的饮食添加美味。在颜色的选择上可谓色彩缤纷，为了激起人们的食欲，各款食品分别选用了不同的明快颜色，其中树叶的颜色和蔬菜水果等食品原料的原生态颜色保持一致。标签的材质则选用了一种无涂层带纹理的材料，以此增强产品的手工制作、工匠品质以及小规模经营方式等特点。

旧包装 ········○ 新包装

吉姆果酱

设计机构：
快乐设计公司

创意总监：
阿德里安·特纳姆

客户：
吉姆果酱公司

国家：
英国

222

吉姆果酱旨在通过全新包装设计使消费者选择由真材实料做成的更健康的家制果酱，从而放弃十分常见的含糖量极高的同类产品。之前的包装缺乏品牌存在感及产品的重要信息，因此对消费者和买家都毫无影响力。快乐设计公司精心制作了一个大胆的定制方案，完美地将该品牌故事融于其中。就这样，一个更大胆、更具吸引力的包装诞生了，对于消费者和买家来说产品在货架上都更具存在感。

旧包装 .... 新包装

兰彻瑞塔调味酱

设计机构：Starbrands 设计公司
创意总监：维拉·难各布·汉纳曼 克劳蒂亚·戴安娜·罗德里格斯
设计师：拉·斯特特纳公司 亚历杭德罗·加西亚
客户：科斯特纳公司
国家：墨西哥

拉科斯特纳是墨西哥最受喜爱的传统品牌之一，其下属品牌兰彻瑞塔涉及各种商品领域，但包装设计却总给客户留下一种低端的印象。该品牌在销售点很不显眼，且同一品牌下的所有产品之间缺乏明显的差异。设计师的注意力主要集中在底色的改变。伴随着这一改变，该品牌在货架上赢得了存在感及关注度，因此得到了消费者的高度评价。此外，不同颜色的矩形图案也使消费者很容易辨别各种产品。

旧包装 ········○ 新包装

费利克斯沙拉酱

设计机构：向上设计公司
创意总监：戴维·皮尔曼
客户：费克拉食品公司
国家：芬兰

设计师开启了大胆的、标志性的设计，涉及多个系列及产品，尤其捕捉到了倾倒沙拉酱的瞬间及对美味的期许。产品经重新包装并投入北欧市场以来，净销售额已增长了 16%，被列入奥克拉最快增长奖入围名单。

旧包装 ···················○ 新包装

闪亮 XO

设计机构：Ranch 设计公司
创意总监：英格丽·斯蝶·米歇尔·松德蕾格
客户：闪亮 XO
国家：美国

闪亮 XO 是法国的气泡酒与夏朗德地区历史悠久的干邑白兰地不期而遇的组合。设计师的战略是将消费人群定位为城市喜欢开派对的群体，通过独特的包装瓶、营销活动、促销手段及网络来扩大产品影响力。法式英语帮助设计师巧妙地阐明了该品牌的起源，而狂放的派对缩影使产品颇为吸引眼球，起到了在货架上脱颖而出的作用。闪亮 XO 是法国汽酒在亲吻着干邑白兰地，因此，一起干杯吧，宝贝！

旧包装 ·············· 新包装

布尔乔亚香槟

设计机构：Dochery 设计公司
创意总监：卢克索瓦·艾丽娜
客户：AST - 国际环境
国家：俄罗斯

230

"布尔乔亚"是一款典型的俄罗斯香槟,质量上乘,价格又不太昂贵。当初制造商起这个名字时就想到了人们会把"布尔乔亚"(意为资产阶级,中产阶级)与政党阶级联系在一起,他们打算借此机会与苏维埃划清界限。包装上的香槟泡沫营造了一种节日的气氛,但品牌名字"布尔乔亚"的内在含义在包装上没有任何体现。如此包装使用了好多年,直到去年制造商决定重塑品牌形象。这一次设计师想到了要充分利用"party"概念的双重含义(一为政党,一为派对),让这个"party"办的轻松愉快。
设计师提出了使用浅色和使人兴奋的积极色彩的配色方案;品牌标签看起来更像是一场订婚或婚礼或生日派对的请柬,颜色以大多数俄罗斯人喜欢的金、银色为主,看起来非常华丽;在俄罗斯,人们通常在节日使用这两种颜色来装点气氛。同时,设计师还引用了一个复杂的几何图形,并用包括光面、亚光、素压浮凸等不同纹理的底面和光滑的金边来加强效果。这种设计手法使整个设计看起来更广阔、更深远,也使画面更加生动活泼。

旧包装 ·············○ 新包装

奥尔堡白兰地

设计机构：Kontrapunkt 设计公司
创意总监：迈克尔·托宁
客户：丹麦阿克斯公司
国家：丹麦

奥尔堡白兰地品牌升级的主要目的是确保新的包装要和产品的优良品质相匹配。Kontrapunkt 设计公司对原有包装进行了精心修改，新的品牌形象重点突出了作为品牌精髓的精湛工艺。

旧包装 ⋯⋯⋯⋯⋯○ 新包装

Rhous 葡萄酒

设计机构：设计公司"懒蜗牛"
创意总监：约安尼·德拉卡基
客户："Rhous"酿酒厂
国家：希腊

在种下第一批葡萄藤的 15 年后,塔米奥拉基酿酒厂被传到了新一代的酿酒师——玛丽亚·塔米奥拉基和迪米特里斯·马诺拉斯的手里。我们希望通过重新命名酒厂,重新设计品牌标识和葡萄酒标签来记录这一变化。玛丽亚和迪米特里斯是两个有着不同"流向"的人,最初在法国相遇,最后在克里特岛的 Houdetsi 村"汇合"。因此,我们想出了酿酒厂的新名字:Rhous,古希腊语中"流"的意思。品牌标识是由圆形组成,利用希腊字母的 o 和 υ 的独特组合,暗示酒厂的成熟度。葡萄酒标签通过描绘历史上重要的探险家,间接地讲述了两个酿酒师的故事。

旧包装 ············○ 新包装

凡·高伏特加

设计机构：Spring Design Partner 设计公司
创意总监：罗恩·贾
客户：凡·高伏特加公司
国家：美国

为适应时代需求，使品牌更加时尚化，凡·高伏特加邀请斯普林设计为其进行品牌形象升级，新的品牌形象要尽显表现主义精神，并以表现独创性和个人开拓精神为原则。在重新设计过程中，斯普林设计始终本着这一原则，展现品牌特点。设计理念通过一块空白画布和画布上凡·高伏特加开启的一扇窗得以实现，透过视窗，设计师用一种艺术化的、充满活力的表现方式呈现了各种口味的凡·高伏特加，同时也让消费者了解了凡·高的故事。独具特色的绘画加上触感独特的亮光漆质地，使消费者恍如真正看到了凡·高的作品。如此简单而大胆的视觉策略让消费者仿佛步入了一个丰富多彩的品位画廊，经历了一次独特而难忘的体验。

旧包装 ⋯⋯⋯⋯⋯⋯ 新包装

阿姆波利特姆葡萄酒

设计机构："表演必须继续"设计公司
创意总监：里卡多·莫雷诺·罗德里格斯
客户：萨拉多酒庄
国家：西班牙

238

该图像设计虽然简单,但直奔主题,并具有说服力:设计师使用最少量的元素创作出使你仿佛置身于安达卢西亚的中庭品味美酒的迷人场景。庭院以典型的安达卢西亚的传统蓝色、黄色、绿松色石和赭色花砖来表现。品牌标签看似简单,实则在技术处理上相当复杂,印花细节的精益求精赋予了花砖图案鲜明的特性。质朴的印制风格既与设计理念相符,更增添了作品的艺术素雅性,使瓶体看上去就像安达卢西亚建筑的柱基。设计师寻求用一种极简的图像来表达简约设计的精髓,而不是单纯地为了达到简约的目的而使用一些所谓的技巧。

旧包装 ⋯⋯⋯⋯⋯⋯ 新包装

热辣花生饮料

设计机构：向上设计公司
创意总监：戴维·皮尔曼
客户：BRAVURA 公司
国家：英国

这是一款奶油花生热饮，对于那些平时喝惯了热巧克力、喜欢花生口味的消费者来说，这种美味低热量的饮料非常适合尝试。热辣花生在英国各主要零售店均有销售，在美国2400家沃尔玛超市的货架上都能找到。

旧包装

新包装

班德堡饮品

设计机构：AKA 品牌设计
创意总监：奥斯丁·马斯登
客户：斯图尔特·罗布森
国家：澳大利亚

班德堡饮品是一家澳大利亚家族式企业,自1960年以来一直以制造高品质软饮料而闻名遐迩。随着全球消费趋势向高品质、纯天然、淳朴怀旧的饮品发展,班德堡认为这是重新设计他们的标志性产品包装的绝佳时机。作为主要竞争优势之一的古老的酿造工艺,一个只选用真材实料的这样一个澳大利亚家族企业,这几点均需要在包装上有所体现。新设计颇具现代性,同时也是对原有品牌的传承和发展。包装上的图片更强调饮品使用了真正的水果做原料,而酿造印章则确保了产品的质量和工艺,其中可以看出每一种产品在制作时所耗费的时间。最后,整个饮品系列均更换为带拉环功能的375ml短粗的瓶子,这是仿效了班德堡的标志性产品、深受世界各地消费者欢迎的姜汁啤酒瓶的设计。

旧包装 ○ 新包装

佳得乐运动饮料

设计机构：Tether 设计公司
创意总监：马特·施蒙克
客户：佳得乐公司
国家：美国

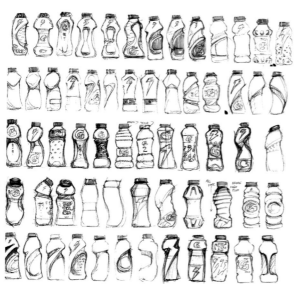

佳得乐需要重新包装去面对不断变化的饮料市场竞争，也需要扩大产品组合推出饮品以外的其他产品。Tether 公司重新设计了产品架构和包装，旨在充分展示佳得乐补水、增加运动耐力的功效。全新的品牌语言跨越了从赛场到更衣室消费者可接触到的所有地方，为品牌注入了新的活力。

旧包装　新包装

百事可乐

设计机构：Tether 设计公司
创意总监：巴雷特·丹尼尔·史密斯　史提夫
客户：百事可乐公司
国家：美国

几十年来百事都没有换包装，现公司决定该是将"兴奋，就现在"这一理念传达给消费者的时候了。致力于为百事打造一个全新的全球设计战略，Tether设计公司通过前期大量的调研、测试及合作，更新了字标并推出了全新的标志性瓶装系列。这套设计包括12盎司流线型玻璃瓶、配套的PET（聚酯）瓶、经过特殊设计的促销易拉罐装及限量版。

旧包装 .... 新包装

东鹏特饮

设计机构：深圳市品赞设计机构
设计师：彭冲
客户：东鹏公司
国家：中国

东鹏特饮经过近20年的品牌运作，无疑已经成为国内功能性饮料行业的标杆企业，在竞争激烈的功能性饮料红海中拼杀出了独一无二且不可复制的道路。随着东鹏特饮近年来在新媒体发力和"年轻化"转型，品牌形象升级也随之而来。不同于新产品希望"惊艳"于市场，畅销产品升级更需要的是"润物细无声"的效果。成功的包装设计需要考虑两个要素：受众与行业。品牌形象升级时面对的市场束缚，对设计师来说无疑是更大的挑战。

东鹏特饮品牌形象升级后，标志性的大鹏LOGO更为轻盈动态，富有视觉张力。功能性饮料所带来的能量感和力量感，飞行器加速到超音速时突破音障形成的漏斗状的"音爆云"给了我们创意的灵感。这是一种具有广泛认知的关于速度和能量的可视觉化形态，而且与品牌形象的结合非常自然贴切。银色漏斗状"音爆云"的设计给产品带来两点非常重要的改善：1.产品从全透明变为小部分透明，受外界环境影响降低。 2.银色的加入并没有影响产品内容物的色泽和食欲感，反而更具价值感。在升级的标签印刷中使用了金、银油墨后，在消费者眼中视觉差异不大的新老产品，在品质感上得到了翻天覆地的变化。

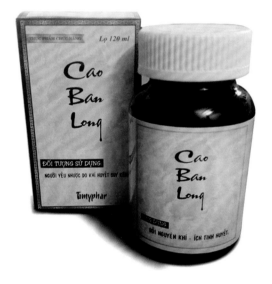

旧包装 ⋯⋯⋯⋯⋯⋯ 新包装

泰米医药

创意总监：肯东・索菲霍
设计师：肯东・索菲霍
客户：泰米医药
国家：越南

越南医药产业的包装体系很少注意外部形象，尤其是传统医药，因此就很难让顾客产生信任感。设计师希望通过现代设计与纯天然药品的传统元素相结合的方式来改变这一现状。东方医药纯天然成分的特点为设计师提供了创作灵感，一个全新的品牌名称也就此诞生。各个药品包装上均清楚地写明了三种主要成分，而黄色香草图案的使用则表明它们均属于同一系列药品。新标识选用的是越南东方医学大师、素有"海上懒翁"之称的黎有卓的头像。此外，新标识呈八角形，显示了东方医学中的8种基本治疗方法，即：汗、吐、下、和、温、清、消、补。

旧包装 ·················○ 新包装

完美美黑防晒霜

设计机构：Pictoo 设计公司
创意总监：马新·瑞古吉
客户：完美公司
国家：波兰

设计师的全新设计旨在使品牌看起来更国际化、更优雅、更吸引人、更女性化。旧标识的颜色较为沉重，包装平淡无奇，缺乏化妆品应有的美感。新包装更加柔美、色泽清晰，与其他独特产品相比毫不逊色，所以更能满足新的、更苛刻的目标群体的需求。

INDEX

索引

AKA 品牌设计

All My T 设计公司

Ampro 设计公司

Bold 设计公司

CREATOR 设计事务所

Dochery 设计公司

DSN 联合设计公司

D 工作室

ESTABLISHED 设计公司

Interact in Shelf 设计公司

Kontrapunkt 设计公司

Labis 设计机构

Mousegraphics 设计公司

MSLK 设计公司

Ohmybrand 设计工作室

ontrapunkt 设计公司

Pearlfisher 纽约设计公司

Pictoo 设计公司

Ranch 设计公司

Robot Food 设计公司

Spring Design Partner 设计公司

Springetts 品牌设计

Starbrands 设计公司

Taxi 平面设计事务所

Tether 设计公司

The Space 创意公司

we are boq 设计公司

Williams Murray Hamm 设计公司

阿尔克设计公司

阿斯加德设计公司

安妮亚·博瑞休兹

贝丝·福克斯－富勒

"表演必须继续"设计公司

布里奇设计公司

"超级市场"品牌设计公司

筹真维生素室内设计部

法布里齐奥·可可

费比诺·可可

凤凰创意设计工作室

骨干品牌设计

果味罗技公司

骏马设计公司

卡格里·卡拉

坎特思创意俱乐部

肯东

快乐设计公司

狂想创意设计公司

"流动集团"设计公司

利诺·拉索

"懒蜗牛"设计公司

玛格丽特·娜

玛丽亚·罗曼尼多

穆德里品牌设计

宁静风暴设计公司

彭伯顿和怀特弗尔德设计事务所

普尔设计公司

萨宾娜·阿尔卡拉斯

深圳市品赞设计机构

史黛芬妮亚·匹兹茨

沃克有限公司

无限顾问公司

下班之后设计公司

向上设计公司

约瓦娜·扬科维奇

茱莉亚特·基姆设计公司

图书在版编目（CIP）数据

包装进化论 / 彭冲编；刘筠，刘伟译 . — 沈阳：辽宁科学技术出版社, 2018.9
ISBN 978-7-5591-0684-1

Ⅰ . ①包… Ⅱ . ①彭…②刘…③刘… Ⅲ . ①包装设计 Ⅳ . ① TB482

中国版本图书馆 CIP 数据核字 (2018) 第 065489 号

出版发行：辽宁科学技术出版社
（地址：沈阳市和平区十一纬路 25 号 邮编：110003）
印　刷　者：深圳市雅仕达印务有限公司
经　销　者：各地新华书店
幅面尺寸：170mm×240mm
印　　张：16
插　　页：4
字　　数：160 千字
出版时间：2018 年 9 月第 1 版
印刷时间：2018 年 9 月第 1 次印刷
责任编辑：杜丙旭　周　洁
封面设计：周　洁
版式设计：周　洁
责任校对：周　文

书　　号：ISBN 978-7-5591-0684-1
定　　价：138.00 元

联系电话：024-23280070
邮购热线：024-23284502
http://www.lnkj.com.cn